崇文国学经典

茶经

张琦　祁毅　译注

微信/抖音扫码查看

☑国学大讲堂
☑经典名句摘抄
☑国学精粹解读

长江出版传媒｜崇文书局

图书在版编目（CIP）数据

茶经 / 张琦，祁毅译注. -- 武汉 ：崇文书局，2023.4（2024.5 重印）
（崇文国学经典）
ISBN 978-7-5403-7152-4

Ⅰ. ①茶… Ⅱ. ①张… ②祁… Ⅲ. ①《茶经》—译文②《茶经》—注释 Ⅳ. ①S571.1

中国国家版本馆 CIP 数据核字（2023）第 042483 号

出 品 人　韩　敏
丛书统筹　李慧娟
责任编辑　何　丹
责任校对　董　颖
装帧设计　甘淑媛
责任印制　李佳超

茶经
CHAJING

出版发行　长江出版传媒｜崇文书局
地　　址　武汉市雄楚大街 268 号 C 座 11 层
电　　话　(027)87679712　邮政编码　430070
印　　刷　湖北画中画印刷有限公司
开　　本　880mm×1230mm　1/32
印　　张　5
字　　数　121 千
版　　次　2023 年 4 月第 1 版
印　　次　2024 年 5 月第 2 次印刷
定　　价　49.80 元

总　序

现代意义的“国学”概念，是在19世纪西学东渐的背景下，为了保存和弘扬中国优秀传统文化而提出来的。1935年，王缁尘在世界书局出版了《国学讲话》一书，第3页有这样一段说明：“庚子义和团一役以后，西洋势力益膨胀于中国，士人之研究西学者日益众，翻译西书者亦日益多，而哲学、伦理、政治诸说，皆异于旧有之学术。于是概称此种书籍曰‘新学’，而称固有之学术曰‘旧学’矣。另一方面，不屑以旧学之名称我固有之学术，于是有发行杂志，名之曰《国粹学报》，以与西来之学术相抗。‘国粹’之名随之而起。继则有识之士，以为中国固有之学术，未必尽为精粹也，于是将‘保存国粹’之称，改为‘整理国故’，研究此项学术者称为‘国故学’……”从“旧学”到“国故学”，再到“国学”，名称的改变意味着褒贬的不同，反映出身处内忧外患之中的近代诸多有识之士对中国优秀传统文化失落的忧思和希望民族振兴的宏大志愿。

从学术的角度看，国学的文献载体是经、史、子、集。崇文书局的这一套国学经典,就是从传统的经、史、子、集中精选出来的。属于经部的,如《诗经》《论语》《孟子》《周易》《大学》《中庸》《左传》;属于史部的,如《史记》《三国志》《资治通鉴》《徐霞客游记》;属于子部的,如《道德经》《庄子》《孙子兵法》《山海经》《黄帝内经》《世说新语》《茶经》《容斋随笔》;属于集部的,如《楚辞》《古诗十九首》《古文观止》。这套书内容丰富,而分量适中。一个希望对中国优秀传统文化有所了解的人,读了这些书,一般说来,犯常识性错误的可能性就很小了。

崇文书局之所以出版这套国学经典,不只是为了普及国学常识,更重要的目的是,希望有助于国民素质的提高。在国学教育中,有一种倾向需要警惕,即把中国优秀的传统文化"博物馆化"。"博物馆化"是20世纪中叶美国学者列文森在《儒教中国及其现代命运》中提出的一个术语。列文森认为,中国传统文化在很多方面已经被博物馆化了。虽然中国传统的经典依然有人阅读,但这已不属于他们了。"不属于他们"的意思是说,这些东西没有生命力,在社会上没有起到提升我们生活品格的作用。很多人阅读古代经典,就像参观埃及文物一样。考古发掘出来的珍贵文物,和我们的生命没有多大的关系,和我们的生活没有多大关系,这就叫作博物馆化。"博物馆化"的国学经典是没有现实生命力的。要让国学经典恢复生命力,有效的方法是使之成为生活的一部分。崇文书局之所以坚持经典普及的出版思路,深意在此,期待读者在阅读这些经典时,努力用经典来指导自己的内外生活,努力做一个有高尚的人格境界的人。

国学经典的普及,既是当下国民教育的需要,也是中华民族健康发展的需要。章太炎曾指出,了解本民族文化的过程就是一个接受爱国主义教育的过程:"仆以为民族主义如稼穑然,要以史籍所载人物制度、地理风俗之类为之灌溉,则蔚然以兴矣。不然,徒知主义之可贵,而不知民族之可爱,吾恐其渐就萎黄也。"(《答铁铮》)优秀的传统文化中，那些与维护民族的生存、发展和社会进步密切相关的思想、感情，构成了一个民族的核心价值观。我们经常表彰“中国的脊梁”，一个毋庸置疑的事实是，近代以前，“中国的脊梁”都是在传统的国学经典的熏陶下成长起来的。所以，读崇文书局的这一套国学经典普及读本，虽然不必正襟危坐，也不必总是花大块的时间，更不必像备考那样一字一句锱铢必较，但保持一种敬重的心态是完全必要的。

期待读者诸君喜欢这套书，期待读者诸君与这套书成为形影相随的朋友。

陈文新

（教育部长江学者特聘教授，武汉大学杰出教授）

前　言

一

《茶经》是世界上第一部茶学专著，它的作者是中国唐朝的陆羽。

陆羽（733—约804），字鸿渐，一名疾，字季疵，号竟陵子、桑苎翁、东冈子，复州竟陵（今湖北天门）人。幼时被遗弃在竟陵郊外的西湖之滨，龙盖寺高僧智积禅师发现了他，并将他抱回寺院收养。少年陆羽跟着僧人学习采茶、煮茶等事务，只是不愿抄经念佛，为此惹恼了智积，被罚做粗活。扫地，洁厕，和泥抹墙，搬瓦盖屋，还要养牛。虽整日劳作，仍然立志向学。无纸习字，就以竹当笔，划牛背为书。一次偶然的机会，得到张衡《南都赋》，虽不识其字，仍危坐展卷，乐在其中。智积担心他溺于外典，又把他禁闭在寺内，并派人严加监管。

十二岁那年，陆羽潜逃出寺。参加了一个戏班子，学习演戏。他虽然其貌不扬，还有点儿口吃，却很会表演，不久就获得升职。他又从事创作，写成《谑谈》三篇。竟陵太守李齐物偶然看到他的演出，大为赞赏，捉手拊背，赠以诗集。因李太守之荐，陆羽又往竟陵郊外五十里的火门山，随邹夫子问学。后来礼部郎中崔国辅出为竟陵司马，陆羽遂下山，与崔游处。他们交情至厚，谑笑永日。又常在一起品茶，雅意高情，一时所尚。

三年后，陆羽为考察茶事，出游义阳（今河南信阳）、光州（今河南潢川）、巴山峡川。不久，安史之乱爆发，陆羽又随流民南下避乱，遍历长江中下游和淮河流域各地。在鄂州，拜会刘长卿；在无锡，结识皇甫冉；在湖州，与诗僧皎然结为缁素忘年之交；又曾寓居南京栖霞寺研究茶事。上元初，隐居于湖州苕溪之滨，阖门著述，自称桑苎翁，时人称其为今之"楚狂接舆"。上元二年（761）撰写《陆文学自传》，文中称此时已完成《君臣契》三卷、《源解》三十卷、《江表四姓谱》八卷、《南北人物志》十卷、《吴兴历官记》三卷、《湖州刺史记》一卷、《茶经》三卷、《占梦》三卷。

唐代宗曾经诏拜陆羽为太子文学，又徙太常寺太祝，皆未就职。他在《六羡歌》中写道："不羡黄金罍，不羡白玉杯，不羡朝入省，不羡暮登台，千羡万羡西江水，曾向竟陵城下来。"晚年游湖南、江西，终老于湖州。陆羽一生，以隐为高名，以茶为事业。《新唐书·隐逸》本传说："羽嗜茶，著经三篇，言茶之原、之法、之具尤备，天下益知饮茶矣。"当时的茶商，用陶瓷做成陆羽像，供在灶台上，祀为"茶神"。自唐以后，茶商皆奉陆羽为茶叶"祖师"，如北宋陈师道《茶经序》所说："茶之著书，自羽始，其用于世，亦自羽始。羽诚有功于茶者也。上自宫省，下迨邑里，外及戎夷蛮狄，宾祀燕享，预陈于前。山泽以成市，商贾以起家，又有功于人者也。"

二

《茶经》分上中下三卷，共十节，约7000字。卷上《一之源》，论述茶的起源、名称、性状、功效等生物学属性；《二之具》，介绍采茶、制茶的用具及使用方法;《三之造》,讲述采茶的时间、技巧,制茶的工艺。卷中《四之器》,介绍二十四种煮茶、饮茶器具,如风炉、火筴、交床、纸囊等。卷下《五之煮》,论述煮茶的燃料、火候、水质及其他注意事项;《六之饮》,概述饮茶的历史、风俗、要点;《七之事》,介绍历代有关茶的名人、掌故、疗效;《八之出》,讲述唐代产茶地区分布,以及各地茶叶品质的区别;《九之略》,谈到可视具体条件,省略一些用具;《十之图》,提议根据上述内容,用绢素绘图存真。

我国在先秦时期,就有关于茶的记载,以后也有一些茶叶文献,但大多比较零散。《茶经》第一次全面、系统地论述了茶叶的历史、现状,以及采茶、制茶、饮茶等方面的诸多问题。陆羽躬身实践,具有丰富的茶学经验,又博览群书,保存了大量珍贵的茶学资料。他讲述的很多观点,至今仍有科学价值。例如土壤条件,陆羽说:“其地,上者生烂石,中者生栎壤,下者生黄土。”这说的是土壤风化程度与茶叶品质的关系。我们今天也公认,高山出好茶,平地茶质较差。再如采茶,陆羽强调“在二月、三月、四月之间”,“其日有雨不采,晴有云不采”。现代研究也表明,采茶时间和天气情况对于茶叶的香味确有不同程度的影响。又如煮茶,陆羽认为“其水,用山水上,江水中,井水下”。现在看来也是如此,茶色、茶香与水质多有关联。

更重要的是,陆羽茶道的核心精神在于“精行俭德”。他说:“茶之为用,味至寒,为饮,最宜精行俭德之人。”将茶的寒凉、淡泊、精炼,与人的修身养性、涵养道德联系起来,这就将物质层面的茶提升到精神层面的修为,也是中华文化中“物我合一”观念的体现。

美国人威廉·乌克斯在《茶叶全书》中说:“中国人对茶叶问题,并不轻易与外国人交换意见,更不泄露生产制造方法。直至《茶经》问世,始将其真情完全表达。”“中国学者陆羽著述的第一部完全关于茶叶的书籍,在当时中国农家以及世界有关者,俱受其惠”,正因为如此,“无人能否认陆羽之崇高地位”。《茶经》之后,茶叶专书陆续问世，如唐张又新《煎茶水记》、温庭筠《采茶录》，宋蔡襄《茶录》、赵佶《大观茶论》、周绛《补茶经》，明朱权《茶谱》、张源《茶录》、许次纾《茶疏》，清刘源长《茶史》、陆廷灿《续茶经》，等等，绵延不绝，蔚为大观。

三

按照《陆文学自传》所列作品名单，《茶经》的初稿，在上元二年(761)应该已经完成。其后有过多次修订，研究者较多提到的有两个时间点。一是《茶经·四之器》中介绍自己设计的煮茶风炉，有三只脚，一只脚上有“圣唐灭胡明年铸”七个字。一般认为，“圣唐灭胡”是在代宗广德元年(763)，那么风炉的铸造当在第二年，即公元764年。在这一年，或者稍后，陆羽修订过《茶经》。当然，这种修订，也可能只是小范围的补充。第二个时间点是代宗大历八年(773)，湖州刺史颜真卿主持编撰《韵海镜源》，陆羽参与其事。得以接触大量文献，从而有条件增修《茶经》，特别是其中的“七之事”部分。当然，参与《韵海镜源》对于修订《茶经》的意义，也只是合理的推测，尚无明确的直接证据。

《茶经》早期以抄本流传，书中的茶道广受欢迎。又有人做了技艺上的改进，或者文字上的润色，更促进了《茶经》的传播。唐人封演《封氏闻见记》卷六《饮茶》记载：“楚人陆鸿渐为《茶论》，说茶之功效，并煎茶、炙茶之法，造茶具二十四事以都统笼贮之，远近倾慕，好事者家藏一副。有常伯熊者，又因鸿渐之论广润色之。于是茶道大行，王公朝士无不饮者。”这里的《茶论》，就是《茶经》。此外，又有太原温从云、武威段碣之，做过“茶事”方面的增补，事见晚唐皮日休《茶中杂咏序》。大致说来，早期《茶经》是一个开放性的文本，在传抄过程中会有增益删改。今存史料中，最早提及《茶经》的是皮日休，据他的说法，《茶经》共三卷：“分其源、制其具、教其造、设其器、命其煮，俾饮之者除痟而去疠。”所言次序和今本《茶经》相同。北宋陈师道在《茶经序》中说：“陆羽《茶经》，家传一卷，毕氏、王氏书三卷，张氏书四卷，内外书十有一卷。其文繁简不同，王、毕氏书繁杂，意其旧文；张氏书简明与家书合，而多脱误；家书近古，可考正自七之事，其下亡。乃合三书以成之，录为二篇，藏于家。”可知在北宋时，《茶经》就有多种版本，而且有繁简之别。

据沈冬梅的统计，自宋代到民国，《茶经》刊本有60余种。如果把当代的版本也算进来，根据欧阳勋的说法，国内藏本93种，国外藏本36种。以内容分，大致有四种类型：一是有注本，以南宋咸淳九年（1273）始刊的《百川学海》本为代表。这是今存最早的《茶经》版本，也是后来多数版本的祖本。二是无注本，传世的惟有《说郛》本。三是增本，即增加《茶具图赞》，有明郑思本、宜和堂本。四是删节本，如明王圻《稗史汇编》收录《茶经》，对原文有所删节。这四种类型里，有注本是主流。从形式看，古代《茶经》多为丛书本，单行本中影响最大的是明嘉靖刊竟陵本。而随着中国茶文化的兴盛与传播，海外更有英译本、日译本等多种版本刊行，彰显了中国茶文化的巨大影响力。

本书以宋刻《百川学海》本为底本，并参考其他多种版本相辅校勘。因该系列图书体例所限，不列校勘记，注释以人名、地名及少见字词为主，务在清晰。注译者学识简浅，水平有限，文中不当之处，烦请广大读者批评指正。

茶经 · 卷上

茶经 · 卷中

茶经 · 卷下

《茶经》书影

茶经·卷上

一之源

【原文】

茶者,南方之嘉木也。一尺①、二尺乃至数十尺。其巴山峡川②,有两人合抱者,伐而掇之③。其树如瓜芦④,叶如栀子⑤,花如白蔷薇⑥,实如栟榈⑦,蒂如丁香⑧,根如胡桃⑨。瓜芦木出广州⑩,似茶,至苦涩。栟榈,蒲葵⑪之属,其子似茶。胡桃与茶,根皆下孕⑫,兆至瓦砾⑬,苗木上抽⑭。

【注释】

①尺:长度单位,各代制度不一。唐代一尺约合今30厘米。

②巴山峡川:指重庆东部和湖北西部一带。巴山,即大巴山,广义的大巴山系指绵延在四川、甘肃、陕西、湖北四省边境山地的总称。狭义的大巴山在汉江支流河谷以东,四川、陕西、湖北三省边境。峡川,指三峡。

③伐:砍伐。掇:拾拣。

④瓜芦:又名皋芦,即苦丁茶,冬青科,常绿乔木,叶大而味苦。

⑤栀子:茜草科,常绿灌木,叶对生,叶形多为长椭圆形。

⑥白蔷薇:蔷薇科,落叶灌木,夏初开花,花排列成伞房状,形似茶花。

⑦栟榈(bīng lǘ):即棕榈,棕榈科,常绿乔木,果实为阔肾形,淡蓝

色，形与色似茶叶籽。

⑧蒂：花、叶或瓜、果与枝茎联结的部分。丁香：桃金娘科，常绿乔木，花蕾又名丁子香，是一种香料。

⑨胡桃：俗称核桃，胡桃科，落叶乔木，属深根性植物，根深可达2～3米。

⑩广州：唐天宝元年（742）改州为郡，曾称南海郡，乾元元年（758）复改郡为州。为岭南道治所。在今广东广州。

⑪蒲葵：棕榈科，常绿乔木，叶阔肾状扇形，果实椭圆形，产于中国南部。

⑫下孕：在土壤中向下生长。

⑬兆：本意为龟甲烧后的裂纹，此处指裂开。瓦砾：破碎的砖头瓦片，此处指土壤的硬土层。

⑭上抽：向上生长。

【译文】

茶，是中国南方的一种美好的树木。茶树的高度可达一尺、二尺以至数十尺。在巴山峡川一带，有粗到两个人才能合抱的茶树，只有砍下枝条才能采摘茶叶。茶树的外形像瓜芦树，树叶像栀子叶，茶花像白蔷薇花，果实像棕榈子，蒂像丁香的蒂，树根像胡桃树根。瓜芦木出产于广州地区，外形像茶，味道非常苦涩。棕榈，是蒲葵这一类的植物，它的种子像茶叶籽。胡桃树和茶树的根都向地下生长，裂开土壤，伸长碰触到硬土层时，苗木才开始向上生长。

【原文】

其字，或从草，或从木，或草木并。从草，当作"茶"，其字出《开元文字音义》[①]；从木，当作"梌"，其字出《本草》[②]；草木并，作"荼"，其字出《尔雅》[③]。

【注释】

①《开元文字音义》：唐开元二十三年（735）编成的一部字书，共三

十卷，已佚。清道光年间，黄奭辑其佚文，共辑得三十九条，收录于《汉学堂丛书》。同治年间，汪黎庆辑得四十五条，收录于《广仓学窘丛书》。《开元文字音义》仅此两种辑本，汪辑较为完备。

②《本草》：原为《神农本草经》的省称，此处指唐显庆四年（659）苏敬等人所撰的本草著作《新修本草》，即《唐本草》，共五十四卷，已佚。现有多种辑佚本刊行。

③《尔雅》：中国已知最早解释词义的专著，共十九篇，由战国末毛亨至西汉武帝之间的许多学者缀辑而成。《尔雅·释木》中"槚，苦荼"开始借"荼"字作为茶的意义，使"荼"字成为茶名中的主要字形。

【译文】

茶字的字形结构，有属草部的，有属木部的，有草、木两部均属的。如果属草部，应当写作"荼"，这个字出自《开元文字音义》；如果属木部，应当写作"梌"，这个字出自《新修本草》；如果草、木两部均属，则写作"荼"，这个字出自《尔雅》。

【原文】

其名，一曰茶，二曰槚①，三曰蔎②，四曰茗③，五曰荈④。周公⑤云："槚，苦荼。"扬执戟⑥云："蜀西南人谓茶曰蔎。"郭弘农⑦云："早取为茶，晚取为茗，或一曰荈耳。"

【注释】

①槚：原意为楸树，紫葳科，落叶乔木。此处指茶树的别称。

②蔎（shè）：原意为一种香草。此处指茶的别称。

③茗：茶的别称。原指茶的嫩芽。后渐成为茶的通称。

④荈（chuǎn）：茶的别称。也指茶的老叶，即粗茶。《玉篇·草部》："荈，茶叶老者。"

⑤周公：周公旦，姓姬名旦，周文王第四子，周武王之弟，西周初杰出的政治家、思想家、军事家。因采邑在周，故称周公。事见《史记·鲁周

公世家》。此处指托名周公所作的《尔雅》。

⑥扬执戟：扬雄（前53—18），字子云，蜀郡成都人。西汉文学家、哲学家、语言学家。扬雄曾任黄门郎，汉代郎官负责执戟宿卫殿门，故称“扬执戟”。传见《汉书》卷八十七。此处指扬雄所作《方言》，是中国第一部汉语方言比较词汇集。

⑦郭弘农：郭璞（276—324），字景纯，河东郡闻喜县（在今山西）人。两晋时期著名文学家、训诂学家、风水学者。晋元帝时任著作佐郎，后为大将军王敦记室参军，因劝阻王敦起兵而遇害。王敦之乱平定后，追赠弘农太守，故称“郭弘农”。传见《晋书》卷七十二。此处指郭璞所作《尔雅注》。

【译文】

茶的名称，一是茶，二是槚，三是蔎，四是茗，五是荈。周公所作的《尔雅》中说：“槚，就是苦茶。”扬执戟所作的《方言》中说：“蜀地西南部的人把茶叫作蔎。”郭弘农所作的《尔雅注》中说：“早采摘的茶叶叫作茶，晚采摘的茶叶叫作茗，或者叫荈。”

【原文】

其地，上者生烂石[①]，中者生栎壤[②]，下者生黄土。凡艺而不实[③]，植[④]而罕茂。法如种瓜，三岁可采。野者上，园者次；阳崖阴林[⑤]，紫者上，绿者次；笋者上，牙者次[⑥]；叶卷上，叶舒次。阴山坡谷者，不堪采掇，性凝滞[⑦]，结瘕疾[⑧]。

【注释】

①烂石：碎石。

②栎壤：当即“砾壤”，含有砂砾的土壤。

③艺：种植。实：充满、充实。

④植：移栽。

⑤阳崖:向阳的山崖。阴林:茂林。因树木众多,浓荫蔽日,故称。

⑥笋者:指笋状的茶叶嫩芽,芽叶长、芽头肥壮。牙者:指细弱短瘦的茶叶嫩芽。牙,通“芽”。

⑦凝滞:凝聚、阻碍。

⑧瘕疾:腹中结块的病。

【译文】

种植茶树的土壤,碎石间隙里土层厚、有机质多的土壤最适合茶树生长,砂砾含量多、粘性小的土壤稍次,土质松软的黄泥土最不适合茶树生长。但凡是栽种时不坚实土壤的,或者移植的,就很少能有茶树生长得茂盛。种茶的方法如同种瓜,种植三年之后就可以采摘。野生的茶树品质好,茶园里培育的品质较差;生长在向阳的山崖、被茂密的林荫所遮蔽的茶树,其芽叶呈紫色的较好,呈绿色的较差;肥壮似笋的好,细弱短瘦的较差;嫩叶向上背卷的较好,平展生长的较差。生长在背阴的山坡谷地中的茶树,不值得采摘,因为这种茶叶性状凝滞,饮用后会使人患腹中结块的病。

【原文】

茶之为用,味至寒,为饮,最宜精行俭德之人。若热渴、凝闷、脑疼、目涩、四支烦[①]、百节不舒,聊[②]四五啜,与醍醐[③]、甘露抗衡也。

采不时,造不精,杂以卉莽[④],饮之成疾。

【注释】

①支:同“肢”。烦:疲劳。

②聊:略,略微。

③醍醐:从酥酪中提制出的油,味道甘美。

④卉莽:野草。

【译文】

茶的功用，因其性味非常寒凉，作为饮品来说，最适合精守操行、俭约守德的人饮用。如果感到发热口渴、凝滞气闷、头疼、目涩、四肢疲劳、关节不舒畅，稍微喝上四五口茶，其口感可以与醍醐、甘露相比。

如果不在合适的时节采摘茶叶，不以精细的工艺制作茶叶，又混杂着野草，饮用之后就会生病。

【原文】

茶为累也，亦犹人参。上者生上党①，中者生百济②、新罗③，下者生高丽④。有生泽州⑤、易州⑥、幽州⑦、檀州⑧者，为药无效，况非此者？设服荠苨⑨，使六疾不瘳⑩。知人参为累，则茶累尽矣。

【注释】

①上党：唐郡名，后改称潞州，属河东道。治所在今山西长治一带。

②百济（前18—660）：朝鲜古国，位于朝鲜半岛西南部。660年，被唐朝和新罗联军所灭。

③新罗（前57—935）：朝鲜古国，位于朝鲜半岛东南部。后被高丽王朝取代。

④高丽（前37—668）：此处指高句丽古国，而非王氏高丽。高句丽王族源于中国东北濊貊族的一支。西汉时建国，北齐时被封为高丽王，自此高句丽也称高丽。668年被唐朝和新罗联军所灭。

⑤泽州：天宝、至德年间曾称高平郡，属河东道。治所在高都（今山西晋城）。

⑥易州：即隋上谷郡，属河北道。治所在今河北易县一带。

⑦幽州：天宝、至德年间曾称范阳郡，属河北道。治所在今北京城西南。

⑧檀州:天宝、至德年间曾称密云郡,属河北道。治所在今北京密云一带。

⑨荠苨(nǐ):属桔梗科,草本植物。荠苨根形似人参,可入药。

⑩六疾:原意为寒疾、热疾、末(四肢)疾、腹疾、惑疾、心疾六种疾病,此处泛指各种疾病。瘳(chōu):痊愈。

【译文】

茶在选用和采摘上的困难之处,也如同人参一样。上等的人参产自上党,中等的人参产自百济、新罗,下等的人参产自高丽。有的人参出产于泽州、易州、幽州、檀州,这种人参作为药物都没有效用,更何况比这些都不如的呢?假设服用的是形似人参的荠苨,那任何疾病都不能痊愈。明白了选用人参的困难之处,也就全部明白了选用茶叶的困难之处了。

二之具

【原文】

籯加追反①，一曰篮，一曰笼，一曰筥②，以竹织之，受五升③，或一斗④、二斗、三斗者，茶人负以采茶也。籯，《汉书》音盈，所谓“黄金满籯，不如一经⑤”。颜师古⑥云：“籯，竹器也，受四升耳。”

【注释】

①籯（yíng）：箱笼一类的竹器。“加追反”为误注。

②筥：竹编的圆形筐。

③升：容积单位，唐代一升约合今600毫升。

④斗：容积单位，十升为一斗，唐代一斗约合今6升。

⑤黄金满籯，不如一经：出自《汉书·韦贤传》：“邹、鲁谚曰：‘遗子黄金满籯，不如一经。’”意思是给子女留下满筐的黄金，不如留下一部经书。

⑥颜师古（581—645）：名籀，字师古，以字行，雍州万年（今陕西西安）人。唐初经学家、训诂学家、历史学家。撰有《匡谬正俗》《汉书注》《急就章注》等。传见《旧唐书》卷七十三、《新唐书》卷一百九十八。

【译文】

籯反切为“加追反”，又叫篮，又叫笼，又叫筥，用竹篾编制而成，容量为五升，也有容量为一斗、两斗或三斗的，采茶人背着这种竹器用来采茶。籝，《汉书》中注音为“盈”，也就是《汉书》中所说的“给子女留下满筐的黄金，不如留下一部经书”。颜师古注解说：“籝是一种竹器，容量为四升。”

【原文】

灶，无用突[1]者。釜[2]，用唇口者。

甑[3]，或木或瓦，匪腰而泥[4]。篮以箄之[5]，篾以系之。始其蒸也，入乎箄；既其熟也，出乎箄。釜涸，注于甑中。甑，不带而泥之[6]。又以榖木枝三亚者制之[7]，散所蒸牙笋并叶，畏流其膏[8]。

【注释】

①突：烟囱。唐代制茶不用有烟囱的灶，是为了集中火力，保持灶内温度，避免因烟囱通风而流失热量。

②釜：古代炊器，敛口圜底，或有二耳。放在灶上，盖上甑，用来蒸煮。类似于现代的锅。

③甑：古代的蒸食炊器，底部有许多透蒸汽的小孔，放在鬲上蒸煮。类似于现代的蒸锅。

④匪腰而泥：在甑的篚状的腰部用泥封住。匪，同“篚”，盛物的圆形竹器。匪腰，指与篚形状相似的甑的腰部。

⑤篮以箄之：将篮状的竹器放在甑内作为蒸隔用的箄。箄，同“箅”，蒸锅中的竹屉，泛指有空隙而能起间隔作用的器具。《说文解字》：“箅，蔽也，所以蔽甑底。”

⑥不带而泥之：不要绕着甑全部用泥涂满，此处意为留出缺口以便注水。带，围绕。

⑦又以榖木枝三亚者制之：又用有三个分叉的榖木树枝制成工具。榖木，又名构树、楮树等，桑亚科，落叶乔木，叶可作为猪饲料，树皮纤维是造纸的原料，根和种子均可入药，具有很高的经济价值。亚，当作

“丫”,草木分枝处。

⑧膏:茶叶的精华汁液。

【译文】

灶,不要用有烟囱的。釜,要用锅口外敞的。

甑,用木制的或者是陶土制成的,在甑的筐状的腰部用泥封住。将篮状的竹器放在甑内作为蒸隔,再用竹篾系着竹篮状的箄以方便取出。开始蒸茶的时候,将茶叶放进甑中的箄里;等到茶叶蒸熟了,再把茶叶从箄中取出。如果釜锅里的水干了,就将水注入甑里。甑,不要绕着它全部用泥涂满,要留出缺口以便注水。又用有三个分叉的榖木树枝制成工具,用来摊散蒸熟的茶芽和茶叶,避免茶叶的精华膏汁流失。

【原文】

杵臼①,一曰碓②,惟恒用者佳。

规,一曰模,一曰棬③,以铁制之。或圆,或方,或花。

承,一曰台,一曰砧,以石为之。不然,以槐、桑木半埋地中,遣无所摇动。

檐④,一曰衣,以油绢或雨衫、单服败者为之。以檐置承上,又以规置檐上,以造茶也。茶成,举而易之。

芘莉音杷离⑤,一曰籝子,一曰筹筤⑥。以二小竹,长三尺,躯二尺五寸,柄五寸。以篾织方眼,如圃人土罗⑦,阔二尺以列茶也。

【注释】

①杵臼:舂捣粮食或药物等的工具。杵为一头粗一头细的棒槌,臼为中部下凹的器具。

②碓(duì):木石做成的舂米工具,用柱子架起木杆,杆的一端装上石锤,通过脚踏驱动倾斜的锤子,落下时砸在石臼中,以去掉石臼中的稻壳。

③棬:用于制茶的模具。

④檐:覆盖物的边沿或伸出的形似屋檐的部分。此处指铺在承上的布。

⑤芘莉:竹制的盘子类器具,中间用篾编织成类似筛箩的形状,用来铺放茶叶。“杷离”为古音,与今音不同。

⑥篣筤(páng láng):同“芘莉”,盛茶叶的竹器。

⑦土罗:筛土用的筛子。罗,筛子。

【译文】

杵臼,又叫碓,以经常使用的为优选。

规,又叫模,又叫棬,用铁制成。形状有圆的,有方的,有花的。

承,又叫台,又叫砧,用石头制成。如果不用石头,可以将槐树、桑树的木节半埋于土中,使木桩无法被摇动。

檐,又叫衣,用油绢或破旧的雨衣、单衣制作而成。将檐放在承上,再将规放在檐上,用来压制茶饼。茶饼制成后,拿起规再取出茶饼,换用新茶再做。

芘莉读音为“杷离”,又叫籯子,又叫篣筤。用两根长三尺的小竹竿,将其中二尺五寸作为躯干,剩下的五寸制成手柄。两根躯干间用竹篾编织成有方眼形孔隙的竹器,如同菜农用的土筛,躯干间宽二尺,用来铺列茶饼。

【原文】

棨[①],一曰锥刀。柄以坚木为之,用穿茶也。

扑[②],一曰鞭。以竹为之,穿茶以解[③]茶也。

焙[④],凿地深二尺,阔二尺五寸,长一丈。上作短墙，高二尺，泥之。

贯，削竹为之，长二尺五寸，以贯茶焙之。

棚，一曰栈。以木构于焙上，编木两层，高一尺，以焙茶也。茶之半干，升下棚；全干，升上棚。

【注释】

①棨：用来在茶饼中心打孔的锥刀。

②扑：用于穿茶饼的小竹条。

③解：押送，搬运。

④焙：此处特指用来烘烤茶饼的类似烘房的装置。

【译文】

棨，又叫锥刀。用坚硬的木材做成棨的柄，用来给茶穿孔。

扑，又叫鞭。用竹条制成，穿起茶饼以便于搬运。

焙，在地上凿出深二尺、宽二尺五寸、长一丈的坑。在上面砌起高二尺的短墙，涂上泥。

贯，将竹子削成长二尺五寸的竹条，用来串起茶饼以便烘焙。

棚，又叫栈。用木材构架在焙上面，将木材分编为两层，高一尺，用来烘焙茶饼。茶饼半干的时候，将茶饼放到棚的下层；茶饼全干后，升到棚的上层。

【原文】

穿[①]音钏，江东[②]、淮南[③]剖竹为之，巴川峡山[④]纫榖皮为之。江东以一斤[⑤]为上穿，半斤为中穿，四两五两为小穿。峡中[⑥]以一百二十斤为上穿，八十斤为中穿，五十斤为小穿。穿字旧作钗钏之钏字，或作贯串。今则不然，如磨、扇、弹、钻、缝五字，文以平声书之，义以去声呼之，其字以穿名之。

【注释】

①穿：用竹篾、树皮制成的绳索类盛茶工具，用于串起茶饼。

②江东：指长江在自芜湖至南京一段往东的地区。

③淮南：指淮河以南到长江沿岸的地区。

④巴川峡山：指重庆东部和湖北西部一带地区。

⑤斤：重量单位，唐代一斤约合今660克。

⑥峡中：指长江三峡一带。

【译文】

穿读音为"钏"，江东地区、淮南地区破开竹竿来制作，巴川峡山一带则将榖树皮捻搓成绳线来制作。江东地区将串好的一斤重的茶饼称为上穿，半斤重的称为中穿，四两、五两的称作小穿。长江三峡一带将串好的一百二十斤重的茶饼称为上穿，八十斤的称为中穿，五十斤的称作小穿。"穿"字以前写作钗钏的"钏"字，或者称作"贯串"。现在则不是这样，就像"磨""扇""弹""钻""缝"五个字，写在文章中是平声所对应的那个字，但要用到该字的另外一种意义就要读成去声，因此这个字就用"穿"来命名它。

【原文】

育[①]，以木制之，以竹编之，以纸糊之。中有隔，上有覆，下有床，傍有门，掩一扇。中置一器，贮煻煨[②]火，令煴煴然[③]。江南梅雨[④]时，焚之以火。育者，以其藏养为名。

【注释】

①育：封藏茶的一种器具，同时也具有复烘成品茶以防受潮的功能。

②煻煨(táng wēi):热灰。

③煴(yūn)煴然:火势微弱而未尽的样子。

④梅雨:长江中下游地区每年六七月份都会出现持续天阴有雨的气候现象,由于正是江南梅子的成熟期,故称其为“梅雨”。

【译文】

育,用木材构架,用竹篾编织,再用纸张糊裱而成。中间有隔板,上面有盖,下面有托床,侧旁开着一扇门,掩蔽另一侧的门。育内放置一个器皿,里面盛放燃着暗火的热灰,让热灰保持微弱的火势。江南地区的梅雨时期,则要明火烘烤以排除湿气。育,根据它封藏并育养茶饼的功能而定名。

三之造

【原文】

凡采茶在二月、三月、四月之间。

茶之笋者，生烂石沃土，长四五寸，若薇蕨[①]始抽，凌露采焉[②]。茶之牙者，发于丛薄[③]之上，有三枝、四枝、五枝者，选其中枝颖拔者采焉。其日有雨不采，晴有云不采。晴，采之，蒸之，捣之，拍之，焙之，穿之，封之，茶之干矣。

【注释】

①薇蕨：薇和蕨。薇，多年生草本，小叶呈长卵圆形或长圆披针形，尖端有卷须。蕨，蕨科，多年生草本，叶片轮廓三角形至广披针形，幼叶拳卷，成熟后展开。

②凌露采焉：趁着茶的嫩芽上还沾染着清晨的露珠时采摘。凌，冒着，迎着。

③丛薄：丛生的杂草。

【译文】

一般采摘茶叶，都在农历的二月、三月、四月之间。

芽叶长、芽头肥壮如笋的茶树，生长在碎石间隙的沃土中，长四五寸，其嫩芽就像薇和蕨刚刚抽发的嫩芽一样，这时即可在清晨采摘下沾染着露珠的茶的嫩芽。芽叶细弱短瘦的茶树，生长在丛生杂草间，有抽生三枝、四枝、五枝新梢的，就选择其中长势尖长而挺拔的采摘。当天有雨不采摘，晴天有云不采摘。晴天无云时，采摘茶叶，再经过蒸茶、捣茶、拍茶、烘茶、穿茶、封茶等工序，茶就制成了。

【原文】

茶有千万状，卤莽而言[①]，如胡人靴者，蹙缩然[②]京锥文[③]也；犎牛臆[④]者，廉襜然[⑤]；浮云出山者，轮囷然[⑥]；轻飙拂水者，涵澹然[⑦]。有如陶家之子，罗膏土以水澄泚[⑧]之谓澄泥也。有如新治地者，遇暴雨流潦之所经。此皆茶之精腴。有如竹箨[⑨]者，枝干坚实，艰于蒸捣，故其形籭簁然[⑩]上离下师[⑪]。有如霜荷者，茎叶凋沮，易其状貌，故厥状委萃然。此皆茶之瘠老者也。

【注释】

①卤莽而言：粗略地说。卤莽，大略，隐约。

②蹙缩然：收缩、皱缩的样子。

③京锥文：无法详解，应是某种纹理。文，纹理，纹样。

④犎(fēng)牛臆：犎牛的胸部。犎牛，一种领肉隆起的野牛。臆，胸部。

⑤廉襜(chān)然：像帷幕的侧边一样褶皱起伏。廉，侧边。襜，通“幨”，车上的帷幕。

⑥轮囷然：屈曲盘绕的样子。囷，回旋，围绕。

⑦涵澹然：水波摇荡的样子。

⑧澄泚(cǐ)：沉淀杂质，使水清澈。澄，使液体中的杂质沉淀分离。泚，清澈。

⑨箨（tuò）：竹笋皮，即笋壳。

⑩簏簁（shāi shāi）然：羽毛刚刚长出的样子。

⑪上离下师："离"和"师"为古音，与今音不同。

【译文】

茶饼饼面有各式各样的外观，粗略地说，有的像胡人穿的靴子，表面皱缩，就像"京锥纹"；有的像犎牛胸部上隆起的领肉，布满帷幕般的褶皱；有的像浮云从山头升起，屈曲盘绕；有的像清风拂过水面，涟漪荡漾。有的像制陶匠用筛子筛出细土，再用水沉淀后的陶泥一样细腻，这说的是澄洗细泥的过程。有的像新修治的土地，遇到暴雨形成的径流冲刷后形成的沟壑痕迹。这些都是茶饼中的精品。有的像竹笋的硬壳，其茶树枝干坚实，茶叶难以蒸透、捣烂，所以这种茶做成的茶饼形状像羽毛刚刚长出来一样杂乱不齐，簏读如"离"，簁读如"师"。有的像经霜打的荷叶，茎叶凋零枯萎，改变了它本来的形状和外观，因此做成的茶饼形状萎缩枯槁。这些都是粗劣、贫瘠的下品茶饼。

【原文】

自采至于封七经目。自胡靴至于霜荷八等。或以光黑平正言嘉者，斯鉴之下也；以皱黄坳垤[①]言佳者，鉴之次也；若皆言嘉及皆言不嘉者，鉴之上也。何者？出膏者光，含膏者皱；宿制者则黑，日成者则黄；蒸压则平正，纵之则坳垤。此茶与草木叶一也。茶之否臧[②]，存于口诀。

【注释】

①坳垤（ào dié）：一般指地势高低不平，此处指茶饼表面凹凸不平。坳，低凹的地方。垤，小山丘。

②否臧：优劣、好坏。否，恶。臧，善。

【译文】

从采茶到封茶要经过七道工序。茶饼从像胡人穿过的靴子一样表面皱缩的饼面到像经霜打的荷叶一样萎缩枯槁的饼面共分为八个等级。有的人认为光亮、色黑、面平、形正的茶饼是好茶，这是下等的鉴茶方法；认为外形皱黄，饼面凹凸不平的是好茶的，是次一等的鉴茶方法；如果能将茶的优良之处和茶的不足之处都指出来的，才是上等的鉴茶方法。为什么这么说呢？因为压出了汁液的茶饼显得光亮，还含有汁液的茶饼就显得皱缩；隔夜制造的茶饼显黑，当天制成的茶饼则显黄；经过严格蒸压的茶饼表面十分平正，制作过程放纵而宽松的茶饼表面显得凹凸不平。这是茶和其他草木的叶片相同的一点。茶的品质优劣，另存有口诀来辨别。

茶经·卷中

四之器

【原文】

风炉灰承　筥　炭楇　火筴　鍑　交床　夹　纸囊　碾拂末　罗合　则　水方　漉水囊　瓢　竹筴　鹾簋揭　熟盂　碗　畚纸帊　札　涤方　滓方　巾　具列　都篮

风炉灰承

风炉，以铜铁铸之，如古鼎形。厚三分[①]，缘阔九分，令六分虚中，致其杇墁[②]。凡三足，古文书二十一字。一足云“坎上巽下离于中[③]”；一足云“体均五行去百疾[④]”；一足云“圣唐灭胡明年铸[⑤]”。其三足之间，设三窗。底一窗以为通飙漏烬之所。上并古文书六字，一窗之上书“伊公[⑥]”二字，一窗之上书“羹陆”二字，一窗之上书“氏茶”二字，所谓“伊公羹，陆氏茶”也。置墆埭[⑦]于其内，设三格：其一格有翟[⑧]焉，翟者，火禽也，画一卦曰离；其一格有彪[⑨]焉，彪者，风兽也，画一卦曰巽；其一格有鱼焉，鱼者，水虫也，画一卦曰坎。巽主风，离主火，坎主水，风能兴火，火能熟水，故备其三卦焉。其饰以连葩、垂蔓、曲水、方文[10]之类。其炉，或锻铁为之，或运泥为之。其灰承，作三足铁柈[11]台之。

【注释】

①分：长度单位，十分为一寸，唐代一分约合今0.3厘米。

②杇墁（wū màn）：涂饰，粉刷。此处指在风炉内涂泥，以提高炉温。

③坎上巽下离于中：坎、巽、离均为《周易》中的卦名。坎卦代表水，巽卦代表风，离卦代表火。此句即是说，水在风炉上方的锅里，风从风炉下方引入以助燃，火在风炉中燃烧，解释了煮茶的原理。

④体均五行去百疾：体内五脏调和，百病不侵。五行，即金、木、水、火、土。古代中医学将五行与人体的五脏相联系，五行调和就代表身体运转舒畅。

⑤圣唐灭胡明年铸：圣唐灭胡，指唐广德元年（763）平定“安史之乱”之事。明年，即第二年。此句即是说，该风炉铸于唐朝平定“安史之乱”的第二年，即764年。

⑥伊公:即伊尹(前1649—前1549),伊姓,名挚。商朝初年著名政治家、思想家。传说伊尹擅长烹饪,被称为“厨圣”。

⑦墆埭(zhì niè):堆积而成的小山。此处指支撑鍑用的支架。墆,贮积。埭,小山。

⑧翟:长尾野鸡,又叫雉,在古代是火的象征。《周易·说卦》:“离为雉。”

⑨彪:老虎,在古代是风的象征。《周易·乾卦》:“云从龙,风从虎。”

⑩连葩、垂蔓、曲水、方文:均为装饰图案。连葩,连缀的花朵图案。垂蔓,垂挂的枝蔓图案。曲水,曲折的水流图案。方文,方形的纹理图案。

⑪铁柈:铁盘。柈,同“盘”。

【译文】

风炉灰承

风炉,用铜或铁铸成,形状如同古代的鼎。风炉炉壁厚三分,炉口边沿宽九分,将剩下的六分空出来,在炉壁内部涂上泥。风炉共有三足,用古文铸有二十一个字。一足上写着“坎上巽下离于中”;另一足上写着“体均五行去百疾”;还有一足上写着“圣唐灭胡明年铸”。在这三只足之间,开设三个窗口。炉底开一个窗口,是通风、出灰的地方。三个窗口上也铸着六个古文字,一个窗口上铸有“伊公”二字,另一个窗口上铸有“羹陆”二字,还有一个窗口上铸有“氏茶”二字,也就是“伊公羹,陆氏茶”的意思。将支鍑用的支架放在风炉内部,支架之间分成三个格:一格上有翟,翟是象征火的禽类,就画上离卦的卦形;另一格上有虎,虎是象征风的兽类,就画上巽卦的卦形;还有一格上有鱼,鱼是象征水的动物,就画上坎卦的卦形。巽象征风,离象征火,坎象征水,风能使火兴旺,火能煮熟水,所以这三个卦都有齐备。炉身装饰着连缀的花朵、垂挂的枝蔓、曲折的水流、方形纹理等图案。风炉,有用锻铁制成的,有用泥制成的。搭配用的灰承,用有三个足的铁盘子来盛灰。

【原文】

筥

筥，以竹织之，高一尺二寸，径阔七寸。或用藤，作木楦[①]如筥形织之，六出[②]圆眼。其底盖若利箧[③]口，铄[④]之。

筥

炭檛

炭檛，以铁六棱制之，长一尺，锐上丰中，执细头系一小镮以饰檛也，若今之河陇[⑤]军人木吾[⑥]也。或作锤，或作斧，随其便也。

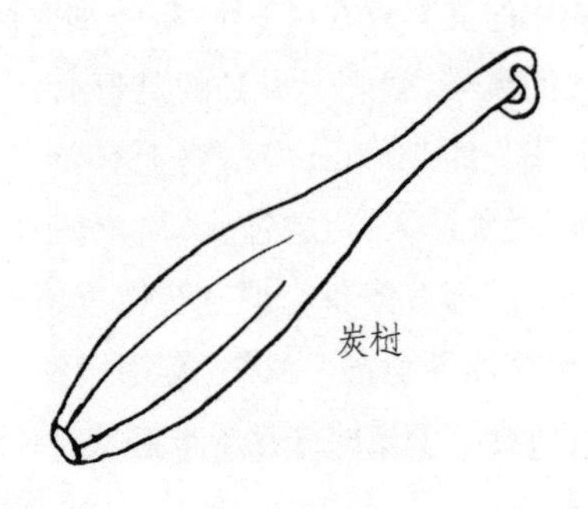

炭檛

火筴

火筴，一名箸[7]，若常用者，圆直一尺三寸，顶平截，无葱台、勾锁[8]之属。以铁或熟铜制之。

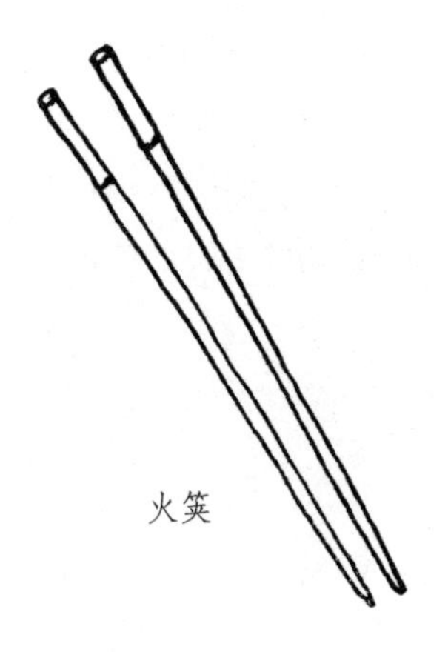
火筴

【注释】

①楦（xuàn）：本意为做鞋用的模型，此处指筥形的木质模型。

②六出：向外突出部分称“出”，此处指六角形的圆眼。

③利篋：竹制箱子。

④铄：磨。《广雅·释诂三》：“铄，磨也。”

⑤河陇：古代指河西与陇右。相当于今甘肃省西部地区。

⑥木吾：木棒名。汉代御史、校尉、郡守、都尉、县长之类官员皆用木吾夹车。

⑦箸：火箸，火筷子。

⑧葱台、勾锁：均指某种装饰物。

【译文】

筥

筥，用竹篾编织而成，有一尺二寸高，直径七寸。也有用藤条编制而成的，先制作一个筥形的木制模型，然后根据模型来编织，编织筥时织出六边形的洞眼。筥的底部和盖子就像箱子的口，要磨得光滑。

炭檛

炭檛，用六棱形的铁棒制作而成，有一尺长，顶端锐利，中部丰粗，手执的细端头部系着一个小镊用来装饰炭檛，就像现在河西与陇右地区的军人用的木棒一样。有的将炭檛做成锤形，有的做成斧形，都随其便利。

火筴

火筴，又叫箸，就像平常使用的筷子一样，形状圆而直，有一尺三寸长，顶部截面平整，没有葱台、勾锁之类的装饰物。火筴用铁或熟铜制作而成。

【原文】

鍑[①] 音辅，或作釜，或作鬴。

鍑，以生铁为之。今人有业冶者，所谓急铁[②]。其铁以耕刀之趄[③]，炼而铸之。内模土而外模沙。土滑于内，易其摩涤；沙涩于外，吸其炎焰。方其耳，以正令也[④]。广其缘，以务远也。长其脐，以守中[⑤]也。脐长，则沸中；沸中，则末[⑥]易扬；末易扬，则其味淳也。洪州[⑦]以瓷为之，莱州[⑧]以石为之。瓷与石皆雅器也，性非坚实，难可持久。用银为之，至洁，但涉于侈丽。雅则雅矣，洁亦洁矣，若用之恒，而卒归于银也[⑨]。

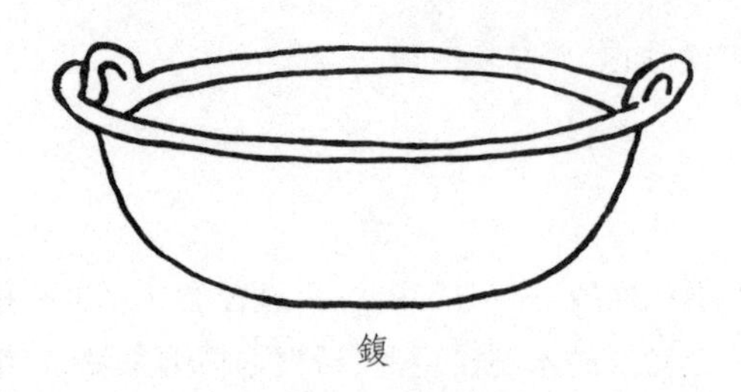

鍑

【注释】

①鍑(fù):古代的一种大口锅。

②急铁:以废旧农具及其他铁器炼铸的铁材。

③趄(qiè):坏的。

④以正令也:使其端正。

⑤守中:使火力集中。

⑥末:茶末。

⑦洪州:唐天宝、至德年间曾称豫章郡、章郡,属江南道,后属江南西道。治所在今江西南昌。

⑧莱州:唐天宝、至德年间曾称东莱郡,属河南道。治所在今山东莱州。

⑨卒归于银也:此处"银"当作"铁"。

【译文】

鍑读音为"辅",有的写作"釜",有的写作"鬴"。

鍑,用生铁铸造而成。生铁也就是现在从事冶炼的人所称的急铁。这种铁是用坏了的耕刀及其他农具重新冶炼、铸造而来的。冶炼时,将鍑的内部用泥土涂抹,外壁用沙土涂抹。泥土润滑内部,容易摩擦洗涤;沙土使外壁粗涩,容易吸收火焰热量。鍑耳做成方形,使其端正。鍑的边沿要宽,使火的加热范围能够覆盖全面。鍑的脐腹部要长且深,使火力能够集中。脐部长、深,水就会在鍑的中心部位沸腾;在中心部位沸腾,茶末就容易在水中扬起;茶末容易在水中扬起,那么茶的味道就会醇厚。洪州地区用瓷制鍑,莱州地区用石制鍑。瓷鍑和石鍑都是雅致、精美的器物,性质并不坚实,难以持久使用。如果用银来制作鍑,十分洁净,但有奢侈华丽之嫌。雅致自然雅致,洁净也的确洁净,但如果要长久使用,终归还是要用铁制的鍑。

【原文】

交床

交床，以十字交之，剜中令虚，以支鍑也。

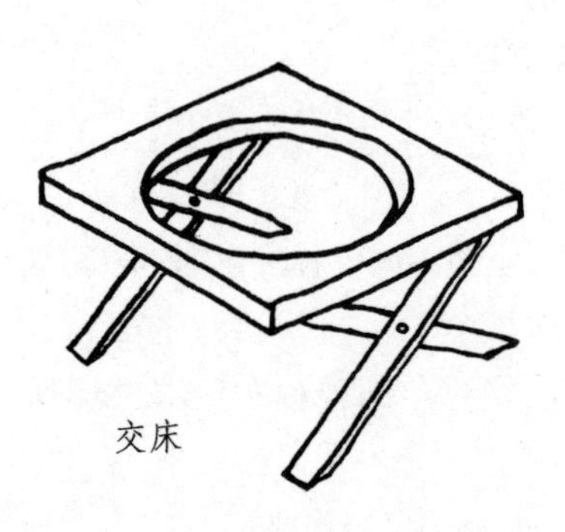
交床

夹

夹，以小青竹为之，长一尺二寸。令一寸有节，节已上剖之，以炙茶也。彼竹之筱[①]，津润于火，假其香洁以益茶味，恐非林谷间莫之致。或用精铁熟铜之类，取其久也。

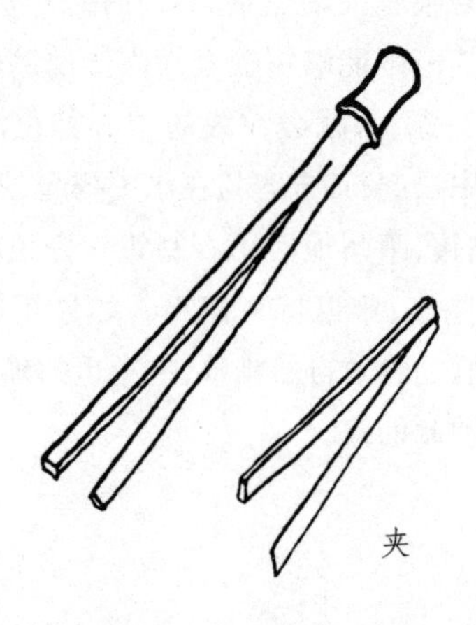
夹

纸囊

纸囊，以剡藤纸[②]白厚者夹缝之。以贮所炙茶，使不泄其香也。

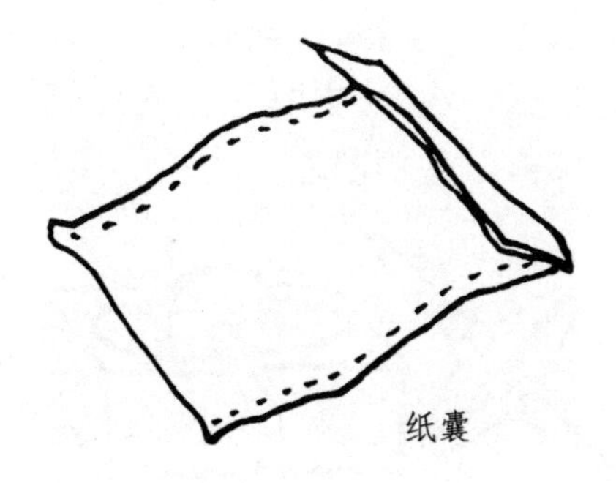

纸囊

【注释】

①筱(xiǎo)：小竹，细竹。

②剡藤纸：用藤皮造的纸，产于浙江剡溪等地，故名。

【译文】

交床

交床，将木架十字交叉而制成，将中间部分挖空，用来支撑鍑。

夹

夹，用小青竹制作而成，有一尺二寸长。选用距头部一寸处有竹节的，从竹节以上剖开，用来夹住茶饼以便炙烤。因为选用的竹子是小细竹，在炙烤茶饼时会渗出竹枝中的津液，通过竹汁的清香来丰富茶的香气，但恐怕这种小青竹不在深林山谷中难以得到。也有用精铁、熟铜之类制成的夹，因其经久耐用的特点而选取。

纸囊

纸囊，选用色白且质厚的剡藤纸叠夹缝合而成。用来贮藏所炙烤的茶饼，使得茶饼的香气不外泄。

【原文】

碾拂末[1]

碾，以橘木为之，次以梨、桑、桐、柘[2]为之。内圆而外方。内圆备于运行也，外方制其倾危也。内容堕[3]而外无余木。堕，形如车轮，不辐而轴焉[4]。长九寸，阔一寸七分。堕径三寸八分，中厚一寸，边厚半寸。轴中方而执圆。其拂末以鸟羽制之。

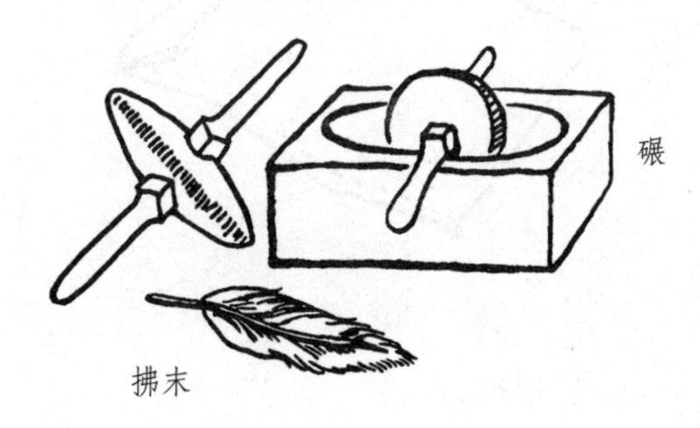

罗合[5]

罗末，以合盖贮之，以则置合中。用巨竹剖而屈之，以纱绢衣之。其合以竹节为之，或屈杉以漆之。高三寸，盖一寸，底二寸，口径四寸。

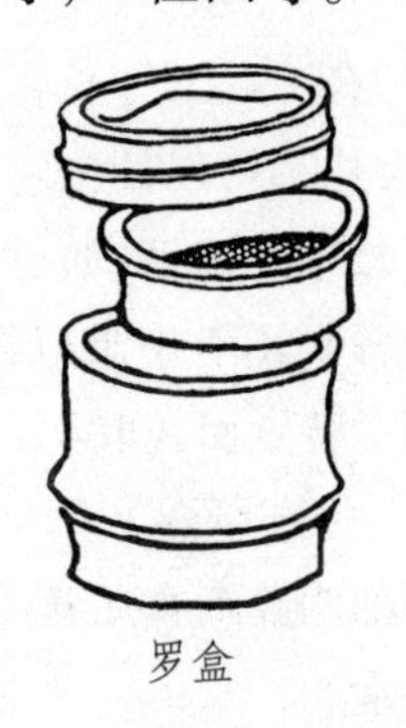
罗盒

则

则,以海贝、蛎蛤[⑥]之属,或以铜、铁、竹匕[⑦]策[⑧]之类。则者,量也,准也,度也。凡煮水一升,用末方寸匕[⑨]。若好薄者,减之;嗜浓者,增之,故云则也。

则

【注释】

①拂末:收集茶碾或茶罗上的茶末的工具,也可用于清洁茶器。

②柘(zhè):桑科,落叶灌木或小乔木。树皮有长刺,叶卵形,可以喂蚕,皮可以染黄色,木材质坚而致密,是贵重的木料。

③堕:碾轮。

④不辐而轴焉:没有辐条,只有车轴。

⑤罗合:罗,罗筛,筛茶器具。合,贮藏茶末的茶盒。

⑥蛎蛤:即牡蛎,软体动物。有两壳,下壳大而凹,上壳小而平。肉供食用,可提制蚝油。

⑦匕:古代的取食器具,长柄浅斗,形状像汤勺。

⑧策:古时用于计算的小筹。

⑨方寸匕:古代量取药末的器具。其状如刀匕,方正一寸,故名。

【译文】

碾拂末

碾,用橘树的木料制成,稍次的用梨树、桑树、桐树、柘树的木料制成。碾内部呈圆形,外部呈方形。内部呈圆形是为了便于运转,外部呈方形是为了防止其倾倒。碾的内部放置堕,使其不留空隙。堕的形状就像车轮一样,但是没有辐条,只有车轴。轴有九寸长,宽有一寸七分。堕的直径为三寸八分,中间厚一寸,边缘部分厚半寸。堕轴的中间部分呈方形,手执的部分呈圆形。拂末,用鸟类的羽毛制作而成。

罗合

罗筛筛下的茶末,放在合内盖好贮藏,并将则放在合里。罗,将粗大的竹子剖开并弯曲成圆形,蒙上充当筛网的纱、绢而制成。合用竹节制作而成,也有的给弯曲的杉木涂上漆而制成。合有三寸高,盖高一寸,底高二寸,口径为四寸。

则

则,用海贝、牡蛎这类动物的壳,或用铜、铁、竹匕、竹策之类的器物制成。则,是测量、标准、尺度的意思。一般煮一升水,就用一方寸匕用量的茶末。如果口味清淡,就减少用量;如果偏好浓茶,就增加用量,所以被称作则。

【原文】

水方

水方,以椆木①、槐、楸②、梓③等合之,其里并外缝漆之,受一斗。

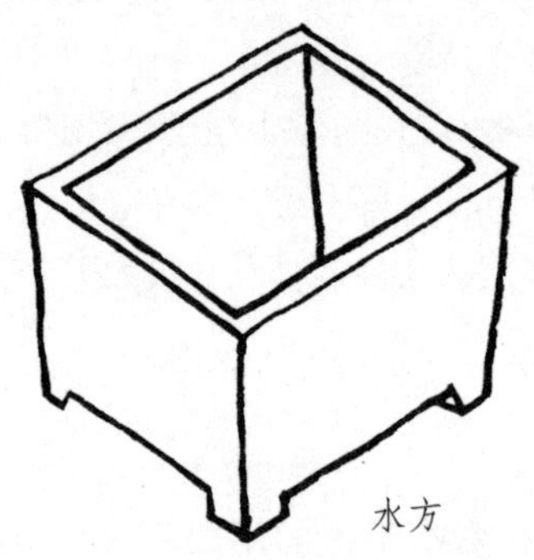
水方

漉水囊

漉水囊，若常用者。其格以生铜铸之，以备水湿，无有苔秽腥涩[④]意。以熟铜苔秽，铁腥涩也。林栖谷隐者，或用之竹木。木与竹非持久涉远之具，故用之生铜。其囊，织青竹以卷之，裁碧缣[⑤]以缝之，纽翠钿[⑥]以缀之。又作绿油囊[⑦]以贮之。圆径五寸，柄一寸七分。

漉水囊

【注释】

①椆(chóu)木：山毛榉科，常绿乔木，木色红黄，为名贵木材。

②楸(qiū)：紫葳科，落叶乔木，木材坚硬，为良好的建筑用材。

③梓：紫葳科，落叶乔木，主干通直平滑，可做家具，制琴底。

④苔秽腥涩：熟铜的氧化物呈绿色，似苔，故称"苔秽"。铁的氧化物呈紫红色，气腥，味涩，故称"腥涩"。

⑤碧缣：双丝织成的青绿色细绢。

⑥翠钿：用翠绿色珠宝制成的首饰。

⑦绿油囊：绿色油绢制成的具有防水功能的袋子。

【译文】

水方

水方，用椆木、槐木、楸木、梓木等木料制作而成，将水方内外的缝隙一并涂上漆,容量为一斗。

漉水囊

漉水囊,就像平常使用的袋子一样。框架用生铜铸造而成,用以防止被水打湿后,产生绿苔一样的秽物以及腥气和锈味。因为用熟铜制作易产生青苔般的铜锈,而用铁制作会有铁腥气和铁锈味。在林间山谷栖息隐居的人,也有用竹或木制作的。但木材和竹材并非能够持久使用以及跋涉远行的器具,所以还是用生铜制作为好。过滤水的袋子,编织青竹竹篾并卷成圆形,裁剪青绿色细绢加以缝制,并缝上翠钿作为装饰。还要用防水的绿油绢制成的袋子来贮存漉水囊。漉水囊圆径五寸,柄有一寸七分长。

【原文】

瓢

瓢,一曰牺杓①,剖瓠②为之,或刊木为之。晋舍人杜毓《荈赋》③云:"酌之以匏④。"匏,瓢也。口阔,胫薄,柄短。永嘉⑤中,余姚⑥人虞洪入瀑布山采茗,遇一道士,云:"吾,丹丘子⑦,祈子他日瓯牺之余⑧,乞相遗也。"牺,木杓也。今常用以梨木为之。

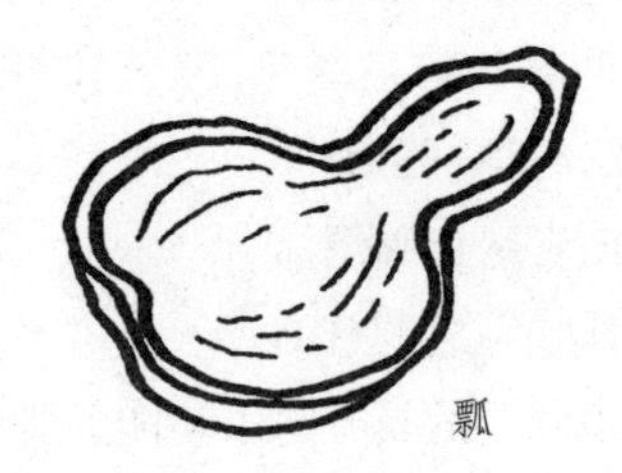

瓢

【注释】

①牺杓:舀东西的器具,此处为瓢的别称。

②瓠:葫芦科,一年生草本植物。

③《荈赋》:中国已知最早专门歌吟茶事的诗词曲赋类作品,晋代杜育所作,原赋已散佚。杜育(? —311),字方叔,襄城邓陵人,杜袭之孙,西晋文学家。官至右将军,曾任国子祭酒。此处误为"杜毓"。

④匏:瓢的别称。

⑤永嘉:晋怀帝年号,307—312 年。

⑥余姚:余姚县,唐天宝、至德年间曾为姚州治所,后属越州。今浙江余姚。

⑦丹丘子:来自丹丘的仙人。丹丘,传说中神仙所居之地。

⑧瓯牺之余:喝剩下的茶。瓯牺,喝茶用的杯杓。

【译文】

瓢

瓢,又叫牺杓,是剖开瓠制作而成的,也有凿开木头制成的。晋代舍人杜育在其著作《荈赋》中说:"用匏喝茶。"匏,就是瓢。匏的口很宽,胫部薄,握柄处很短。西晋永嘉年间,余姚人虞洪到瀑布山采茶,遇到一个道士对他说:"我是来自丹丘的仙人,希望你以后哪一天如果有多余的茶,可以送给我喝。"牺,就是木勺。现在经常用梨树的木料制作。

【原文】

竹筴

竹筴,或以桃、柳、蒲葵木为之,或以柿心木为之。长一尺,银裹两头。

竹筴

鹾簋[1] 揭

鹾簋，以瓷为之，圆径四寸，若合形，或瓶或罍[2]，贮盐花[3]也。其揭，竹制，长四寸一分，阔九分。揭，策也。

鹾簋

熟盂

熟盂，以贮熟水，或瓷或沙，受二升。

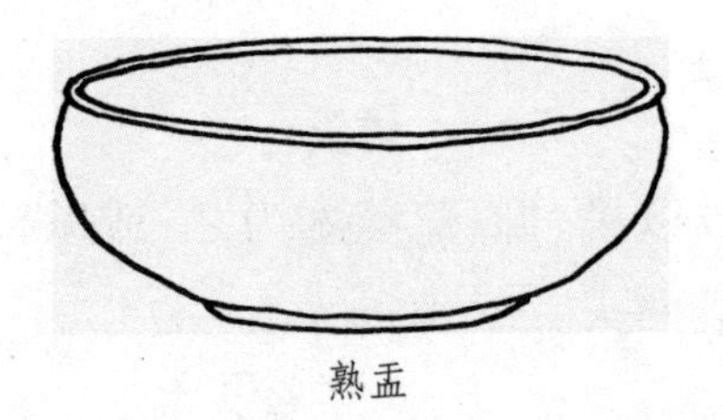

熟盂

【注释】

①鹾簋（cuó guǐ）：盛盐的器皿。鹾，盐的别称。簋，古代盛物用的器皿。

②罍(léi):古代一种盛酒的容器。

③盐花:盐霜,细盐粒。

【译文】

竹筴

竹筴,有的用桃树、柳树、蒲葵树的木料制作而成,有的用柿心木制作而成。竹筴有一尺长,两端用银包裹着。

鹾簋揭

鹾簋,用瓷制成,圆径四寸,像合的形状,也有瓶子形和酒樽形的,用于贮放细盐粒。揭,用竹制成,有四寸一分长,宽九分。揭,是取盐用的工具。

熟盂

熟盂,用来贮放煮开的水,有的是瓷制的,有的是沙制的,容量为二升。

【原文】

碗

碗,越州[①]上,鼎州[②]次,婺州[③]次,岳州[④]次,寿州[⑤]、洪州[⑥]次。或者以邢州[⑦]处越州上,殊为不然。若邢瓷类银,越瓷类玉,邢不如越一也;若邢瓷类雪,则越瓷类冰,邢不如越二也;邢瓷白而茶色丹,越瓷青而茶色绿,邢不如越三也。晋杜毓《荈赋》所谓:"器择陶拣,出自东瓯。"瓯,越也。瓯,越州上,口唇不卷,底卷而浅,受半升已下。越州瓷、岳瓷皆青,青则益茶,茶作白红之色。邢州瓷白,茶色红;寿州瓷黄,茶色紫;洪州瓷褐,茶色黑,悉不宜茶。

碗

【注释】

①越州：唐天宝、至德年间曾称会稽郡，属江南东道，治所在会稽（今浙江绍兴）。此处指越州的瓷窑，越州窑是唐时最著名的青瓷窑场和青瓷系统，所烧青瓷代表了当时青瓷的最高水平。后文鼎州、婺州、岳州、寿州、洪州、邢州也均指各州的瓷窑。

②鼎州：唐天授年间置，治所在云阳（今陕西泾阳一带），领云阳、泾阳、醴泉、三原四县，后废。

③婺州：唐天宝、至德年间曾称东阳郡，属江南东道，治所在今浙江金华。婺州窑瓷器以青瓷为主，也有黑、褐、花釉、乳浊釉和彩绘瓷。

④岳州：唐天宝、至德年间曾称巴陵郡，属江南西道，治所在巴陵（今湖南岳阳）。岳州瓷较轻薄，胎色早期呈红色或米黄色，晚期为灰白色。釉色以青绿色、青黄色居多。

⑤寿州：唐天宝、至德年间曾称淮南郡，属淮南道，治所在寿张县（今山东梁山一带）。寿州瓷以黄釉瓷和黑釉瓷为主。

⑥洪州：洪州瓷以烧青瓷为主，胎色较深，施化妆土，釉色多为褐色。

⑦邢州：原为隋襄国郡，唐天宝、至德年间曾称巨鹿郡，属河北道，治所在今河北邢台。邢州瓷是中国白瓷生产的发源地，主要生产白瓷及其他釉色瓷器，与南方越窑合称“南青北白”。

【译文】

碗

碗，越州产的为上品，鼎州产的稍次一些，婺州产的又次一些，岳州产的更次一些，寿州和洪州产的最次。有的人认为邢州产的瓷碗排在越州瓷碗之上，完全不是这样的。如果说邢州瓷碗像银，那么越州瓷碗就像玉，这是邢瓷不如越瓷的第一点；如果说邢州瓷碗像雪，那么越州瓷碗就像冰，这是邢瓷不如越瓷的第二点；邢州瓷碗色白，碗中茶色则显红，越州瓷碗色青，碗中茶色则显绿，这是邢瓷不如越瓷的第三点。晋代杜育在其《荈赋》中就说："择选饮茶的陶器，要选出自东瓯的。"瓯，作为地名就是越。瓯，作为杯子而言，产自越州的为上品，越州的茶杯边沿不卷边，底部呈浅弧形，容量在半升以下。越州瓷和岳州瓷都是青色，青色则可以增益茶色，茶汤呈白红的颜色。邢州瓷是白色，茶汤显红；寿州瓷多黄色，茶色显紫；洪州瓷多褐色，茶色显黑，都不适合作为茶的容器。

【原文】

畚[①]纸帊[②]

畚，以白蒲[③]卷而编之，可贮碗十枚。或用筥。其纸帊以剡纸夹缝，令方，亦十之也。

畚

札

札，缉栟榈皮以茱萸[4]木夹而缚之，或截竹束而管之，若巨笔形。

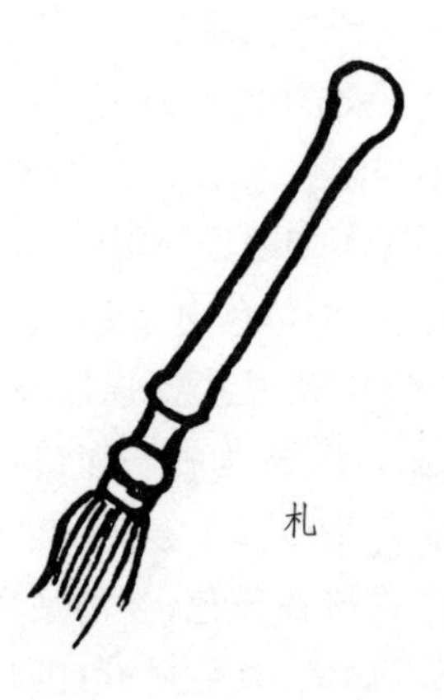

札

涤方

涤方，以贮涤洗之余，用楸木合之，制如水方，受八升。

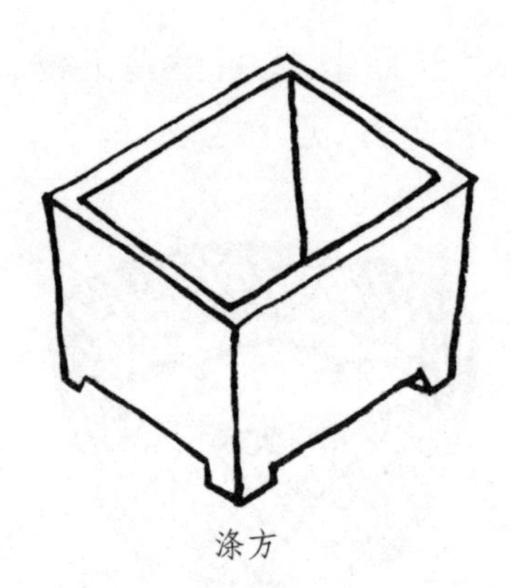

涤方

滓方

滓方，以集诸滓，制如涤方，处五升。

巾

巾，以绝布[5]为之，长二尺。作二枚，互用之，以洁诸器。

巾

【注释】

①畚(běn)：用草绳或竹篾编织的盛物器具。

②纸帊(pà)：铺垫或覆盖盛器的纸片。

③白蒲：白色的蒲苇。蒲苇，禾本科，草本植物，有一定的观赏价值。

④茱萸：山茱萸科，落叶小乔木，果实可入药。重阳节常佩茱萸囊以求辟邪。

⑤绝(shī)布：粗厚似布的丝织物。

【译文】

畚纸帊

畚，将白色蒲苇卷起来编制而成，可以放十个茶碗。也有用筥编制的。纸帊，将剡藤纸叠夹缝合，制成方形，也可以放十个茶碗。

札

札，将棕榈皮捻搓成绳线，再用茱萸木夹住捆紧，也有截取竹节并用揉搓成线的棕榈皮捆绑成笔管状的,形状像是一支巨大的毛笔。

涤方

涤方,用来贮存洗涤后剩下的水,用楸树的木料做成盒子形状,制作方法就像水方那样,容量为八升。

滓方

滓方,用来集中存放各类渣滓,制作方法就像涤方那样,容量为五升。

巾

巾,用如布般粗厚的丝织物制成,有二尺长。制作两块巾,交替使用,用来清洁各类茶具。

【原文】

具列

具列,或作床[1],或作架。或纯木、纯竹而制之,或木或竹,黄黑可扃[2]而漆者。长三尺,阔二尺,高六寸。具列者,悉敛诸器物,悉以陈列也。

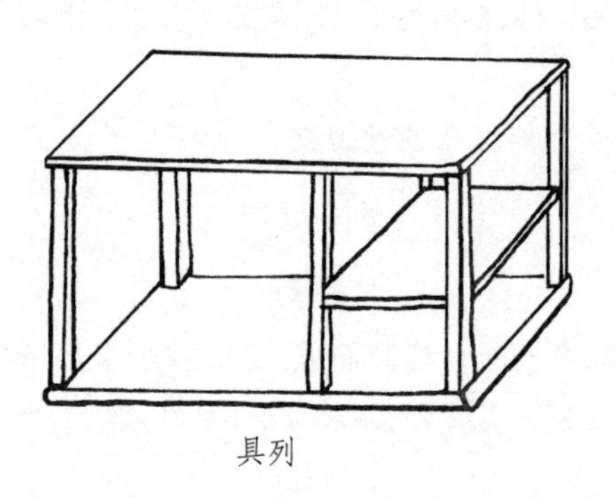

具列

都篮

都篮，以悉设诸器而名之。以竹篾内作三角方眼，外以双篾阔者经之，以单篾纤者缚之，递压双经，作方眼，使玲珑。高一尺五寸，底阔一尺、高二寸，长二尺四寸，阔二尺。

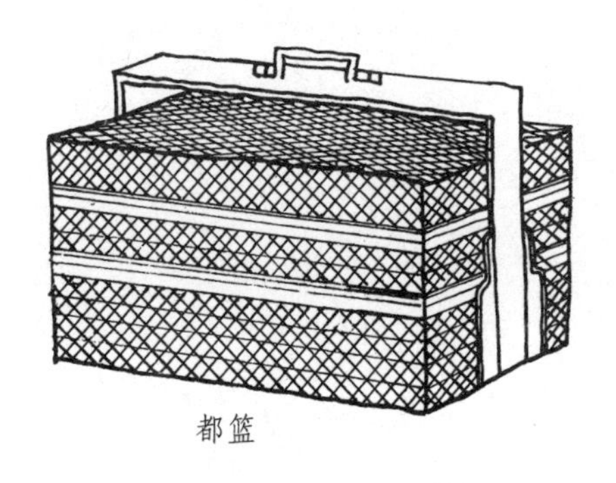

都篮

【注释】

①床：放置器物的座架。

②扃（jiōng）：上闩、关上。

【译文】

具列

具列，有的做成床形，有的做成架子形。有的仅用木材制作，有的仅用竹制，不管是木制还是竹制，都要漆上黄黑色，并且有可以关的门。具列有三尺长，二尺宽，六寸高。具列这个名称的意思，就是收集各种器物，并将它们全部陈列在内。

都篮

都篮，因为其储存各种器具而如此命名。都篮用竹篾编制，内部编成三角和方形的洞眼,外部用两条较宽的竹篾如经线般横向编制,再用一条纤细的竹篾如纬线般编制,压住两条经线般的竹篾,编成方眼形,让都篮看起来小巧玲珑。都篮高一尺五寸,底部宽一尺、高二寸,长二尺四寸,宽二尺。

茶经·卷下

五之煮

【原文】

凡炙茶，慎勿于风烬间炙，熛焰[①]如钻，使炎凉不均。持以逼火，屡其翻正，候炮普教反出培塿[②]，状虾蟆背，然后去火五寸。卷而舒，则本其始又炙之。若火干者，以气熟止；日干者，以柔止。

其始，若茶之至嫩者，蒸罢热捣，叶烂而牙笋存焉。假以力者，持千钧杵亦不之烂，如漆科[③]珠，壮士接之，不能驻其指。及就，则似无穰[④]骨也。炙之，则其节若倪倪[⑤]，如婴儿之臂耳。既而承热用纸囊贮之，精华之气无所散越，候寒末之。末之上者，其屑如细米。末之下者，其屑如菱角。

【注释】

①熛(biāo)焰：火焰，光芒。

②培塿(lóu)：小土丘。此处指茶饼上像小土丘一样的突起。

③漆：涂漆。科：同“颗”，颗粒。

④穰(ráng)：稻、麦等的秆子。

⑤倪倪：幼弱。

【译文】

一般炙烤茶饼，都要注意不能在通风的火上炙烤，焰苗遇风就会飘忽如钻锥，会让茶饼吸收的热量不均匀。夹着茶饼逼近火焰，不时翻转茶饼，等到茶饼上炮反切为"普教反"炙出小山丘般的突起，形状像蛤蟆背上的疙瘩时，将茶饼抽离火焰五寸左右。等到茶饼上卷曲的突起渐渐舒展开来时，就照着之前的步骤再炙烤一遍。如果茶饼制作时是烘烤干的，此时就炙烤到茶饼冒出水蒸气为止；如果茶饼制作时是晒干的，此时就炙烤到茶饼柔软为止。

开始制茶饼的时候，如果选用的是非常嫩的茶叶，蒸完茶之后趁热捣茶，叶子被捣烂了而茶的芽头仍然还在。即使是一个力气大的人，拿着千钧重的杵去捣也仍然捣不烂，就像是漆科珠，即使是一个强壮的人也不能稳稳捏住。等捣好后，茶叶就像没有了秆支撑一样。经过炙烤之后，茶叶就像婴儿的手臂一样柔软细弱。茶饼烤好之后就趁热用纸袋贮藏，使茶的精华香气不四处散失，等茶饼冷却之后，将其碾成末。茶末中的上品，粉末形状像细米一样。茶末中的下品，粉末形状像菱角一样。

【原文】

其火用炭，次用劲薪。谓桑、槐、桐、枥[①]之类也。其炭，曾经燔炙[②]，为膻腻所及，及膏木[③]、败器，不用之。膏木为柏、桂、桧[④]也。败器谓杇[⑤]废器也。古人有劳薪之味[⑥]，信哉。

其水，用山水上，江水中，井水下。《荈赋》所谓"水则岷方之注[⑦]，挹彼清流"。其山水，拣乳泉[⑧]、石池慢流者上；其瀑涌湍漱，勿食之，久食令人有颈疾。又多别流于山谷者，澄浸不泄，自火天至霜郊[⑨]以前，或潜龙[⑩]蓄毒于其间，饮者可决之，以流其恶，使新泉涓涓然，酌之。其江水取去人远者。井取汲多者。

【注释】

①枥：同“栎”，即栎树，山毛榉科，落叶或常绿乔木，少数为灌木。树皮暗灰褐色，树干发黑，可烧制木炭。

②燔炙：烧与烤。此处指烤肉。

③膏木：有油脂的木材。

④桧：又称圆柏，柏科，常绿乔木。树冠尖塔形或圆锥形，树皮灰褐色，成熟叶片为针形。木材有芳香，枝叶可提取挥发油。

⑤杇（wū）：涂抹，粉刷。

⑥劳薪之味：劳薪，即膏木、败器。用膏木、败器之类烧烤，食物会有异味。《世说新语·术解》：“荀勖尝在晋武帝坐上食笋进饭，谓在坐人曰：‘此是劳薪炊也。’坐者未之信，密遣问之，实用故车脚。”

⑦岷方之注：岷地流淌出来的水。

⑧乳泉：钟乳石上的滴水。

⑨火天至霜郊：从夏天到霜降。火天，即夏天，五行火主夏，故称。霜郊，为霜降之误。霜降，二十四节气之一，每年公历10月23日前后。

⑩潜龙：潜藏于水中的龙。此处指不流动的死水中积累了大量的细菌，对人体有害。

【译文】

炙烤茶饼的火优先用木炭作燃料，其次用火力旺盛的薪柴作燃料。“劲薪”说的是桑树、槐树、桐树、枥树之类的木柴。作燃料的木炭，如果曾经用来烤肉，沾染了肉的腥腻气味，以及有油脂的木材、腐坏废旧的木器，都不要用。“膏木”指柏树、桂树、桧树这类木材。“败器”指被涂抹过和废旧的木器。古人认为用这种木材烧制出的食物有异味，的确是这样。

煮茶的用水，以山间发源的水为上等，江河的水为次等，井水为下等。《荈赋》中就说“水就选用岷地清澈的流水”。山间的水，选取钟乳石上的滴水、石池中慢慢流淌的水为好，有的山水瀑流湍急，不要饮用，如果长久饮用会让人生颈部的病。除此之外还有许多流驻于山谷间的水，虽清澈但不流动，从夏天到霜降之前的这段时间，可能会有潜龙在水中积蓄毒气，饮用的人可以疏通水道，让其中的腐坏物质流走，使新的泉水涓涓流淌，然后才可以饮用。江河的水要选取远离人烟的。井水要选取经常被人使用的。

【原文】

其沸，如鱼目，微有声，为一沸。缘边如涌泉连珠，为二沸。腾波鼓浪，为三沸。已上水老，不可食也。初沸，则[①]水合量调之以盐味，谓弃其啜余。啜，尝也。市税反，又市悦反。无乃䤁艦[②]而钟其一味乎。上古暂反，下吐滥反，无味也。第二沸出水一瓢，以竹筴环激汤心，则量末当中心而下。有顷，势若奔涛溅沫，以所出水止之，而育其华也。

凡酌，置诸碗，令沫饽均。《字书》[③]并《本草》：饽，均茗沫也。蒲笏反。沫饽，汤之华也。华之薄者曰沫，厚者曰饽。细轻者曰花，如枣花漂漂然于环池之上，又如回潭曲渚[④]青萍之始生，又如晴天爽朗有浮云鳞然。其沫者，若绿钱[⑤]浮于水渭，又如菊英堕于镈俎[⑥]之中。饽者，以滓煮之，及沸，则重华累沫，皤皤然[⑦]若积雪耳。《荈赋》所谓"焕如积雪，烨若春藪[⑧]"，有之。

【注释】

①则：依据，根据。

②䤁艦：没有味道。

③《字书》：以解释汉字形体为主，兼及音义的书。如《说文解字》《开元文字音义》等。

④回潭曲渚：回旋流动的潭水和曲折分布的洲渚。渚，水中小块陆地。

⑤绿钱：苔藓的别称。

⑥镈俎：镈，同“樽”，古代的酒杯。俎，古代祭祀时放祭品的器物。

⑦皤（pó）皤然：洁白的样子。

⑧烨若春藪：光辉灿烂像春天盛开的花。烨，光辉灿烂。藪，花。

【译文】

煮茶时，如果水沸腾的气泡像鱼的眼睛，且伴有微微的响声，这就叫“一沸”。如果锅边缘的水像泉眼一样涌起连续的水泡，这就叫“二沸”。如果锅里的水像奔腾的浪花一样翻涌，这就叫“三沸”。三沸之后的水再继续煮，就成了老水，不能饮用了。在水刚开始沸腾的时候，根据水量放入适当的盐来调味，并把尝过剩下的水倒掉。啜，就是品尝，读音反切为“市税反”，也读作“市悦反”。不倒的话岂不就因为水没有味道而偏爱盐水这一种味道了吗。䤈䪴，前字读音为“古暂反”，后字读音为“吐滥反”，意思是没有味道。第二次沸腾的时候，舀出一瓢水，用竹筷子在锅的中心部分环绕搅动，再用茶则量取一些茶末从中心倒下来。过一会儿后，沸水会像奔腾的波涛一样飞溅着水沫，这时用刚刚舀出的那瓢水倒入锅中止沸，以留存住沸水育成的茶沫精华。

一般喝茶时，先放置多个碗，让茶汤的浮沫均匀分配在各个碗里。《字书》以及《本草》中，都将“饽”字解释为茶汤的浮沫。读音为“蒲笏反”。茶汤的浮沫，是茶汤的精华。较薄的精华叫沫，较厚的精华叫饽。细小、轻浮的叫花，就像飘落的枣花在环形水池上悠悠漂浮，又像回旋流动的潭水和曲折分布的洲渚上刚刚生长出的浮萍，还像清爽且晴朗的天空中飘浮着的鳞片般的浮云。茶沫，就像苔藓漂浮在水面上，又像菊花散落于酒樽中。饽，是茶渣被煮沸后层层浮沫堆叠而成的，洁白的样子就像是积雪一样。《荈赋》中说“明亮得像积雪，灿烂得像春花”，的确符合这样的描述。

【原文】

第一煮水沸，而弃其沫，之上有水膜，如黑云母①，饮之则其味不正。其第一者为隽永，徐县、全县二反。至美者曰隽永。隽，味也；永，长也。味长曰隽永。《汉书》②：蒯通著《隽永》二十篇③也。或留熟盂以贮之，以备育华救沸之用。诸第一与第二、第三碗次之。第四、第五碗外，非渴甚莫之饮。凡煮水一升，酌分五碗。碗数少至三，多至五。若人多至十，加两炉。乘热连饮之，以重浊凝其下，精英浮其上。如冷，则精英随气而竭，饮啜不消亦然矣。

茶性俭，不宜广，广则其味黯澹④。且如一满碗，啜半而味寡，况其广乎！其色缃⑤也，其馨欰⑥也。香至美曰欰，欰音使。其味甘，槚也；不甘而苦，荈也；啜苦咽甘，茶也。《本草》本云：其味苦而不甘，槚也；甘而不苦，荈也。

【注释】

①黑云母：云母类矿物中的一种，为硅酸盐矿物。颜色从黑色到褐色、红色或绿色都有，具有玻璃光泽。

②《汉书》：又称《前汉书》，是中国第一部纪传体断代史，“二十四史”之一，由东汉史学家班固编撰，主要记述了上起西汉的汉高祖元年（前206），下至新朝王莽地皇四年（23）共230年的史事。

③蒯通著《隽永》二十篇：语出《汉书·蒯通传》：“通论战国时说士权变，亦自序其说，凡八十一首，号曰《隽永》。”蒯通，本名蒯彻，范阳人，西汉辨士。因避汉武帝之讳而改为通。

④黯澹：同“黯淡”，阴沉，昏暗。此处指茶味微淡。

⑤缃：浅黄色。

⑥欰：香而美。

【译文】

第一次将茶煮沸时，要去掉茶的浮沫，浮沫上有一层像黑云母那样的水膜，饮用的话味道不纯正。第一次舀出的茶水称作隽永，隽字有"徐县反""全县反"两种读音。极鲜美的味道称作隽永。隽，是味道的意思；永，是长久的意思。回味悠长就叫作隽永。《汉书》中说：蒯通著有《隽永》二十篇。有的人将第一次舀出的水贮存在熟盂之中，预备用来养育精华、调和沸水。这之后舀出的第一碗与第二碗、第三碗的味道都稍差一些。第四碗、第五碗之后的茶汤，除非口渴极了，否则就不要喝了。一般煮一升水，可以分五碗。碗的数量少则三碗，多则五碗。如果喝茶的人有十个那么多，就再加煮两炉。饮茶时，要趁茶热连续饮用，因为茶中重浊的杂质沉淀在茶汤底部，而精华的茶沫浮在茶汤的表面。如果茶汤变冷，那么茶汤的精华会随着热气的散失而枯竭，即使连饮不停也是这样。

茶性俭约，水不适宜太多，水太多就会使茶的味道寡淡。就像一满碗茶，喝到一半以后就觉得茶味寡淡，更何况水多的时候呢！茶汤呈浅黄色，味道清香、鲜美。香而美叫作𩡷，读音同"使"。味道甘甜的，是槚；味道不甜而苦的，是荈；饮用时带苦味，咽下去后回甘的是茶。《本草》上说：味道苦而不甜的，是槚；甜而不苦的，是荈。

六之饮

【原文】

翼而飞，毛而走，呿[①]而言，此三者俱生于天地间，饮啄以活，饮之时义远矣哉！至若救渴，饮之以浆；蠲[②]忧忿，饮之以酒；荡昏寐，饮之以茶。

茶之为饮，发乎神农氏[③]，闻于鲁周公。齐有晏婴[④]，汉有扬雄、司马相如[⑤]，吴有韦曜[⑥]，晋有刘琨[⑦]、张载[⑧]、远祖纳[⑨]、谢安[⑩]、左思[⑪]之徒，皆饮焉。滂时浸俗[⑫]，盛于国朝[⑬]，两都[⑭]并荆渝[⑮]间，以为比屋之饮[⑯]。

【注释】

①呿(qù)：张开口。

②蠲：除去，免除。

③神农氏：又称炎帝，传说中的农业和医药的发明者。

④晏婴(？—前500)：晏氏，字仲，谥“平”，史称“晏子”，夷维(今山东高密)人，春秋时期齐国著名政治家、思想家、外交家。传见《史记·管晏列传》。另有记载晏婴言行的历史典籍《晏子春秋》。

⑤司马相如(约前179—前118)：字长卿，蜀郡成都人，祖籍左冯翊夏阳(今陕西韩城)，侨居蓬州(今四川蓬安)，西汉辞赋家。代表作品有

《子虚赋》《上林赋》等。传见《史记·司马相如列传》及《汉书·司马相如传》。

⑥韦曜(204—273):本名韦昭,字弘嗣,吴郡云阳人,三国时期著名史学家、东吴四朝重臣。著有《吴书》《汉书音义》《国语注》等。传见《三国志》卷六十五。

⑦刘琨(271—318):字越石,中山魏昌(今河北无极)人,晋朝文学家。代表作品有《重赠卢谌》《胡姬年十五》等。传见《晋书》卷六十二。

⑧张载:字孟阳,安平(今属河北)人,西晋文学家。代表作有《剑阁铭》等。传见《晋书》卷五十五。

⑨远祖纳:陆纳,字祖言,吴郡吴县(今江苏苏州)人,东晋吴兴郡守。传见《晋书》卷七十七。因陆羽与其同姓,故尊称其为远祖。

⑩谢安(320—385):字安石,陈郡阳夏(今河南太康)人,东晋政治家、名士。曾指挥晋军在淝水之战中大败前秦。传见《晋书》卷七十九。

⑪左思(约250—305):字太冲,齐国临淄(今山东淄博)人,西晋著名文学家。代表作有《三都赋》《咏史》等。传见《晋书》卷九十二。

⑫滂时浸俗:渗透浸染,形成社会风俗。滂,水涌出的样子。浸,泡,使渗透。

⑬国朝:即唐朝。

⑭两都:指唐朝都城长安(今陕西西安)和东都洛阳。

⑮荆渝:即今湖北、重庆一带。荆,荆州,唐天宝、至德年间曾称江陵郡,治所在江陵(今湖北荆州)。辖境包括今湖北省枝江市以东,潜江市以西,荆门、当阳二市以南地区。渝,渝州,唐天宝、至德年间曾称南平郡,治所在巴县(今属重庆),辖今重庆市江北巴南区和江津、璧山、永川等市县地。

⑯比屋之饮:家家户户都饮用的饮品。比,靠近,挨着。

【译文】

长翅膀的飞禽,被覆皮毛的走兽,张开嘴巴而能说话的人类,这三者都生长在天地之间，通过饮水、取食而存活，“饮用”这一行为的存在时间及其意义是多么深远啊！为缓解口渴，而饮用浆水；为消除忧郁忿怒，而饮用酒水；为散去昏沉困意，而饮用茶水。

茶作为饮品，是从神农氏开始的，在鲁周公时期渐渐广为人知。春秋齐国的晏婴，西汉的扬雄、司马相如，三国时期吴国的韦曜，两晋的刘琨、张载、陆纳、谢安、左思等人，都喜爱喝茶。饮茶之事逐渐成为风尚，盛行于本朝，都城长安、东都洛阳，还有荆渝一带的人，都把茶作为他们家家户户的饮品。

【原文】

饮有粗茶、散茶、末茶、饼茶[①]者，乃斫、乃熬、乃炀、乃舂[②]，贮于瓶缶之中，以汤沃焉，谓之庵茶[③]。或用葱、姜、枣、橘皮、茱萸、薄荷之等，煮之百沸，或扬令滑，或煮去沫。斯沟渠间弃水耳，而习俗不已。

於戏！天育万物，皆有至妙。人之所工，但猎浅易。所庇者屋，屋精极；所著者衣，衣精极；所饱者饮食，食与酒皆精极之。茶有九难：一曰造，二曰别，三曰器，四曰火，五曰水，六曰炙，七曰末，八曰煮，九曰饮。阴采夜焙，非造也；嚼味嗅香，非别也；膻鼎腥瓯，非器也；膏薪庖炭，非火也；飞湍壅潦[④]，非水也；外熟内生，非炙也；碧粉缥尘[⑤]，非末也；操艰搅遽[⑥]，非煮也；夏兴冬废，非饮也。

夫珍鲜馥烈[⑦]者，其碗数三。次之者，碗数五。若坐客数至五，行三碗；至七，行五碗；若六人已下，不约碗数，但阙一人而已，其隽永补所阙人。

【注释】

①粗茶、散茶、末茶、饼茶:粗茶,指粗老的茶叶。散茶,指未压制成片、团的茶叶。末茶,指制成细末的茶砖。饼茶,即前文所述的茶饼。

②乃斫、乃熬、乃炀、乃舂:斫,本意为用刀、斧等砍劈,此处指截伐茶树,直接采摘茶叶。熬,蒸煮。炀,烘烤。舂,此处指捣茶。这四种制茶方式分别对应上述四种茶类。

③庵茶:仅用热水浸泡的茶叶。

④飞湍壅潦:湍急的水流和停滞的死水。壅,隔绝蒙蔽。

⑤碧粉缥尘:青白色的茶末,这种茶末品质不好。缥,青白色的丝织品。

⑥操艰搅遽:操作困难、搅动匆忙。遽,仓促,匆忙。

⑦珍鲜馥烈:茶味鲜美、茶香浓烈。

【译文】

一般饮用的茶,分粗茶、散茶、末茶、饼茶等几类,将它们分别通过砍伐、蒸煮、烘烤、舂捣等方式加工之后,贮存在瓶罐之中,用热水浸泡,用这种方式泡成的茶叫作庵茶。有的人用葱、姜、枣、橘子皮、茱萸、薄荷等材料配茶,长时间蒸煮,或是扬起茶汤使之变得柔滑,或是蒸煮时将茶汤表面的浮沫去掉。用这些方式制成的茶汤与沟渠里的废水没有什么两样,但这种习俗却长时间存续着。

呜呼!上天孕育的万物,都有它们最精妙的地方。人们所擅长的,却都是浅显、容易涉猎的。人们居住的地方是房屋,房屋的构造就十分精美;人们所穿着的是衣物,衣服就设计得十分精美;能填饱人们肚子的是饮水和食物,食物和酒水就都制作得十分精美。茶叶要制成精品,有九个难点:一是茶的制造,二是茶的鉴别,三是制茶器具,四是烧茶用火,五是煮茶用水,六是烤炙茶饼,七是研制茶末,八是蒸煮茶末,九是饮用茶汤。天阴采茶、夜晚烘焙,不是正确的制茶方法;口嚼茶味、鼻嗅茶香,不是正确的鉴别方法;沾染膻腥气味的器具,不是适用的器具;富含油脂的木柴和沾了油腥味的木炭,不是适用的燃料;湍急的水流和停滞的死水,不是适用的水源;表面熟透、内部夹生,不是正确的炙烤方法;青白色的茶末,不是优等的茶末;操作生疏、搅拌匆忙,不是正确的煮茶方法;夏天饮茶而冬天停饮,不是正确的饮用习惯。

对于味道鲜美、香气浓烈的茶,煮三碗就够了。品质稍次一些的,可以煮五碗。如果客人有五位,就煮三碗;如果客人有七位,就煮五碗;如果客人人数在六人以下,就可以不计算碗数,只要按照缺一人的量来算,用"隽永"茶汤补足缺少的那一份。

七之事

【原文】

三皇[1]:炎帝神农氏。

周:鲁周公旦,齐相晏婴。

汉:仙人丹丘子,黄山君[2],司马文园令相如[3],扬执戟雄。

吴:归命侯[4],韦太傅弘嗣[5]。

晋:惠帝[6],刘司空琨,琨兄子兖州刺史演[7],张黄门孟阳[8],傅司隶咸[9],江洗马统[10],孙参军楚[11],左记室太冲[12],陆吴兴纳,纳兄子会稽内史俶[13],谢冠军安石,郭弘农璞,桓扬州温[14],杜舍人毓,武康小山寺释法瑶[15],沛国夏侯恺[16],余姚虞洪[17],北地傅巽[18],丹阳弘君举[19],乐安任育长[20],宣城秦精[21],敦煌单道开[22],剡县陈务妻[23],广陵老姥[24],河内山谦之[25]。

后魏[26]:琅琊王肃[27]。

宋[28]:新安王子鸾,鸾兄豫章王子尚[29],鲍昭妹令晖[30],八公山沙门谭济[31]。

齐[32]:世祖武帝[33]。

梁[34]:刘廷尉[35],陶先生弘景[36]。

皇朝[37]:徐英公勣[38]。

【注释】

①三皇:人物合称,古代中国传说中的三个杰出部落首领,后世尊为皇。具体人物涉及神农、伏羲、燧人、女娲、黄帝等,有多种说法。

②黄山君:传说中的仙人。晋葛洪《神仙传》卷一:"商末有黄山君,修彭祖之术,数百岁犹有少容。亦治地仙,不取飞升。彭祖既去,乃追论其言,为《彭祖经》。"

③司马文园令相如:即司马相如。因司马相如曾任文园令,故称。

④归命侯:指三国吴末帝孙皓(242—284),字元宗,一名彭祖,字皓宗。吴大帝孙权之孙,三国时期吴国末代皇帝。天纪四年(280),吴国被西晋所灭,孙皓投降西晋,被封为归命侯。传见《三国志》卷四十八。

⑤韦太傅弘嗣:即韦曜,字弘嗣。见《六之饮》注释。

⑥惠帝:即晋惠帝司马衷(259—307),字正度,晋武帝司马炎次子,西晋第二位皇帝。其在位期间发生了"八王之乱",导致了西晋亡国以及近三百年的动乱。传见《晋书》卷四。

⑦琨兄子兖州刺史演:刘演,字始仁,中山魏昌(今河北无极)人。西晋司空刘琨之侄,定襄侯刘舆之子。曾任兖州刺史。传见《晋书》卷六十二。

⑧张黄门孟阳:即张载。见《六之饮》注释。

⑨傅司隶咸:傅咸(239—294),字长虞,北地泥阳(今陕西省铜川市耀州区)人,西晋文学家,傅玄之子。曾任司隶校尉,故称。传见《晋书》卷四十七。

⑩江洗马统:江统(?—310),字应元,陈留圉(今河南杞县)人。曾任太子洗马,故称。传见《晋书》卷五十六。

⑪孙参军楚:孙楚(?—293),字子荆,太原中都(今山西平遥)人,西晋官员、文学家。曾任镇东将军石苞的参军,故称。传见《晋书》卷五

十六。

⑫左记室太冲:即左思。因曾被齐王司马冏召为记室督,故称。见《六之饮》注释。

⑬纳兄子会稽内史俶:陆俶,陆纳兄长之子,曾任会稽内史。

⑭桓扬州温:桓温(312—373),字符子,谯国龙亢(今安徽怀远)人,东晋政治家、军事家、权臣。曾任扬州牧,故称。传见《晋书》卷九十七。

⑮武康小山寺释法瑶:武康,三国吴黄武元年(222)建县,名叫永安县。晋太康三年(282),改名武康县。南朝宋时属吴兴郡,唐时属湖州。在今浙江德清。释法瑶,南朝宋时涅槃师,初住吴兴武康小山寺,后住建康新安寺。著有《涅槃》《法华》《大品》等义疏。传见梁释慧皎《高僧传》卷七。

⑯沛国夏侯恺:沛国,或称沛郡,西汉开始设立的一个郡级行政区划,东汉改为沛国,南北朝末年并入彭城郡。治所在今安徽淮北一带。夏侯恺,晋干宝《搜神记》中的人物。

⑰余姚虞洪:虞洪,《搜神记》中的人物。见《四之器》正文。

⑱北地傅巽:北地,即北地郡,大致在今陕西、甘肃、宁夏一带,治所义渠(今甘肃庆阳一带)。傅巽,字公悌,北地泥阳(今陕西省铜川市耀州区)人,三国魏文帝时任侍中尚书。于魏明帝太和年间去世。

⑲丹阳弘君举:丹阳,又称丹杨,西汉改鄣郡置,治所宛陵(今安徽宣城市宣州区)。西晋太康二年(281)移治建邺(今江苏南京)。弘君举,晋人,著有《食檄》。

⑳乐安任育长:乐安,汉为千乘郡。东汉时置千乘国,后改为乐安国,又除为乐安郡,治所在临济(今山东高青),三国时移治高苑(今山东博兴)。南朝宋始置乐安郡,隋初郡废,其地入齐郡、北海郡。任育长,南朝梁刘孝标《世说新语注》引《晋百官名》:“任瞻,字育长,乐安人。父琨,少府卿。瞻历谒者仆射、都尉、天门太守。”

㉑宣城秦精:宣城,西晋太康二年(281),析丹阳郡置宣城郡,治宛陵,隶扬州。秦精,《续搜神记》中的人物。

㉒敦煌单道开：敦煌，西汉置敦煌郡，治所在敦煌县（今甘肃敦煌），属凉州刺史部。单道开，俗姓孟，敦煌人，东晋僧人。传见《晋书》卷九十五。

㉓剡县陈务妻：剡县，西汉置剡县（今浙江新昌），属会稽郡。陈务妻，《异苑》中的人物。

㉔广陵老姥：《广陵耆老传》中的人物。广陵，今江苏扬州。

㉕河内山谦之：河内，西汉置河内郡，治所在怀县（今河南武陟）。山谦之（？—454），元嘉时为史学生，后任学士、奉朝请，著有《丹阳记》《南徐州记》等。

㉖后魏：即北魏（386—534），鲜卑族拓跋珪建立的政权，定都平城（今山西大同）。永熙三年（534），分裂为东魏与西魏。

㉗琅琊王肃：琅琊，今山东临沂。王肃（464—501），字恭懿，琅琊临沂人，北魏名臣。传见《魏书》卷六十三。

㉘宋：即南朝宋（420—479），刘裕建立的政权，定都建康（今江苏南京）。

㉙新安王子鸾，鸾兄豫章王子尚：新安王刘子鸾，豫章王刘子尚，均为南朝宋孝武帝之子。《宋书》卷八十："豫章王子尚，字孝师，孝武帝第二子也。……始平孝敬王子鸾，字孝羽，孝武帝第八子也。"故知刘子尚应为兄，刘子鸾为弟，《茶经》原版误为"鸾弟豫章王子尚"，据改。

㉚鲍昭妹令晖：鲍昭，即鲍照（414—466），字明远，东海郡（今山东兰陵）人，南朝宋著名文学家、诗人。代表作有《拟行路难》《代白头吟》等。唐人避武则天讳，改"照"为"昭"。鲍令晖，字令晖，以字行，东海郡人。鲍照的妹妹，南朝宋女诗人。其诗留传不多，《玉台新咏》录其诗七首。

㉛八公山沙门谭济：八公山，在今安徽淮南。沙门，佛教术语，为出家修行者的通称。谭济（411—475），河东（今山西永济）人，南朝宋代僧人。传见《高僧传》卷七。

㉜齐：即南朝齐（479—502），萧道成建立的政权，定都建康。

㉝世祖武帝：齐武帝萧赜（440—493），字宣远，南兰陵（今江苏省常州市武进区）人。南朝齐第二位皇帝。传见《南齐书·武帝纪》。

㉞梁：即南朝梁（502—557），萧衍建立的政权，定都建康。

㉟刘廷尉：刘孝绰（481—539），字孝绰，本名冉，彭城（今江苏徐州）人。曾任廷尉卿。传见《梁书》卷三十三。

㊱陶先生弘景：陶弘景（456—536），字通明，号华阳隐居，丹阳秣陵（今江苏南京）人。南朝梁时著名医药家、炼丹家、文学家，人称"山中宰相"。著有《本草经注》《集金丹黄白方》等。传见《南史》卷七十六及《梁书》卷五十一。

㊲皇朝：即唐朝。

㊳徐英公勣：李勣（594—669），原名徐世勣，字懋功，曹州离狐（今山东东明）人。受赐姓李，改名李世勣，为避李世民讳，改名李勣。唐朝初年名将，封英国公，与卫国公李靖并称。传见《旧唐书》卷九十三及《新唐书》卷六十七。

【译文】

三皇时期：炎帝神农氏。

周朝：鲁国周公旦，齐国相晏婴。

汉朝：仙人丹丘子，黄山君，文园令司马相如，执戟郎扬雄。

三国吴：归命侯孙皓，太傅韦弘嗣。

晋朝：晋惠帝司马衷，司空刘琨，刘琨兄长的儿子兖州刺史刘演，黄门侍郎张孟阳，司隶校尉傅咸，太子洗马江统，参军孙楚，记室参军左太冲，吴兴陆纳，陆纳兄长的儿子会稽内史陆俶，冠军将军谢安石，弘农太守郭璞，扬州牧桓温，中书舍人杜毓，武康小山寺释法瑶，沛国夏侯恺，余姚虞洪，北地傅巽，丹阳弘君举，乐安任育长，宣城秦精，敦煌单道开，剡县陈务的妻子，广陵老姥，河内山谦之。

后魏：琅琊王肃。

南朝宋：新安王刘子鸾，刘子鸾的兄长豫章王刘子尚，鲍昭的妹妹鲍令晖,八公山沙门谭济。

南朝齐:世祖武帝萧赜。

南朝梁:廷尉刘孝绰,陶弘景。

唐朝:英国公徐世勣。

【原文】

《神农食经》[1]:“茶茗久服,令人有力、悦志。”

周公《尔雅》:“槚,苦荼。”

《广雅》[2]云:“荆巴间采叶作饼,叶老者,饼成,以米膏出之。欲煮茗饮,先炙令赤色,捣末置瓷器中,以汤浇覆之,用葱、姜、橘子芼[3]之。其饮醒酒,令人不眠。”

《晏子春秋》[4]:“婴相齐景公时,食脱粟之饭,炙三弋[5]、五卵,茗菜而已。”

司马相如《凡将篇》[6]:“乌喙[7]、桔梗[8]、芫华[9]、款冬[10]、贝母[11]、木蘗[12]、蒌[13]、芩草[14]、芍药[15]、桂[16]、漏芦[17]、蜚廉[18]、藋菌[19]、荈诧[20]、白敛[21]、白芷[22]、菖蒲[23]、芒消[24]、莞椒[25]、茱萸。”

《方言》[26]:“蜀西南人谓茶曰蔎。”

《吴志·韦曜传》:“孙皓每飨宴,坐席无不率以七升[27]为限,虽不尽入口,皆浇灌取尽。曜饮酒不过二升,皓初礼异,密赐茶荈以代酒。”

【注释】

①《神农食经》:传说为神农所著,已佚。

②《广雅》:训诂书。三国魏时张揖撰。原书共十九篇,分上、中、下

三卷,后改作十卷。"广雅"即"增广《尔雅》"之意。隋朝因避隋炀帝杨广讳,改称《博雅》。

③芼:杂在肉汤里的菜。此处指拌和。

④《晏子春秋》:记载春秋时期齐国丞相晏婴言行活动的一部书,成书于战国时期,由墨家学徒将史料和民间传说汇编而成。共八卷,二百一十五章。

⑤弋:禽鸟。

⑥《凡将篇》:西汉武帝时司马相如撰字书,古代童蒙教材之一。已佚。

⑦乌喙:中药附子的别称,以其块茎形似得名。毛茛科。有毒,有吐风痰、祛寒止痛的功效。

⑧桔梗:桔梗科,多年生草本植物。根入药,有止咳祛痰、宣肺、排脓的功效。

⑨芫华:即芫花,瑞香科,落叶灌木。花蕾入药,可治水肿和祛痰。

⑩款冬:又称冬花、蜂斗菜,菊科。款冬味辛,性温,具有润肺下气、化痰止嗽的功效。

⑪贝母:百合科,多年生草本植物。因其形似聚贝子,故名贝母。鳞茎入药,有止咳化痰、清热散结的功效。

⑫木蘖:即关黄柏,芸香科,落叶乔木。树皮内层经炮制后入药,称为黄檗。味苦,性寒。有清热解毒、泻火燥湿的功效。

⑬蒌:即蒌叶,胡椒科,攀援藤本植物。茎、叶入药,有祛风散寒、行气化痰、消肿止痒的功效。

⑭芩草:即黄芩,唇形科,多年生草本植物。根入药,味苦、性寒,有清热燥湿、泻火解毒、止血、安胎的功效。

⑮芍药:毛茛科,多年生草本植物。根入药,有镇痉、镇痛、通经的功效。

⑯桂:木犀科,常绿乔木。花入药有散寒破结、化痰生津的功效。

⑰漏芦:菊科,多年生草本植物。根及根状茎入药,有清热、解毒、排

脓、消肿和通乳的功效。

⑱蜚廉：即飞廉，菊科，多年生草本植物。传统中药材，有祛风、清热、利湿、凉血散瘀的功效。

⑲藿菌：菌类，生长于河边沼泽。味咸平，主治心痛。《神农本草经》："味咸平。主心痛，温中，去长患，白疭，蛲虫，蛇螫毒，症瘕，诸虫。一名藋芦。生池泽。"

⑳荈诧：即茶。

㉑白敛：即白蔹，葡萄科，多年生蔓生藤本植物。块根入药，有清热解毒、散结止痛、生肌敛疮的功效。

㉒白芷：伞形科，多年生高大草本。根入药，有祛病除湿、排脓生肌、活血止痛的功效。

㉓菖蒲：天南星科，多年生草本植物。全株芳香，可作香料或驱蚊虫。茎、叶入药，有益智宽胸、聪耳明目、祛湿解毒的功效。

㉔芒消：矿物芒硝经煮炼而得的精制结晶，主要成分为硫酸钠。主治实热积滞、腹胀便秘、停痰积聚。

㉕莞椒：吴觉农在其《茶经述评》中推测为"华椒"之误。华椒，即花椒，芸香科，落叶小乔木。用作中药，治胃腹冷痛、呕吐、泄泻、血吸虫、蛔虫等症。

㉖《方言》：全称《辖轩使者绝代语释别国方言》，西汉扬雄所撰的方言著作。全书十五卷，今本仅十三卷。

㉗升：容积单位，三国时期一升约合今204.5毫升。

【译文】

《神农食经》："长期饮茶，可以让人充满力量，心志愉快。"

周公所著的《尔雅》："槚，是苦荼。"

《广雅》中说："荆州、巴州地区的人采摘茶叶制成茶饼，对于叶子粗老的，制作茶饼时，要加些米糊才能制成。如果想要煮茶饮用，先将其炙烤成赤红色，然后将其捣成茶末放在瓷器里，用热水浇灌浸泡，再用葱、姜、橘子拌和。这样制成的饮品有醒酒的功效,让人没有困意。”

《晏子春秋》:“晏婴在齐景公处担任国相时,食用的是只去皮壳、不加精制的糙米,三五样禽类的肉和蛋,还有茶和其他菜蔬而已。”

司马相如的《凡将篇》中有这些中草药:“乌喙、桔梗、芫华、款冬、贝母、木蘖、蒌、芩草、芍药、桂、漏芦、蜚廉、雚菌、荈诧、白敛、白芷、菖蒲、芒消、莞椒、茱萸。”

《方言》:“蜀地西南部的人将茶称作‘蔎’。”

《吴志·韦曜传》:“孙皓每次举办宴会,在座的客人没有不将饮七升酒作为最低限度的,即使不能全部喝下,也要将七升酒斟满取尽。韦曜只能喝二升酒,孙皓起初很尊敬他,暗中赐给他茶以代替酒。”

【原文】

《晋中兴书》[①]:“陆纳为吴兴太守时,卫将军谢安尝欲诣纳,《晋书》云:纳为吏部尚书。纳兄子俶怪纳无所备,不敢问之,乃私蓄十数人馔。安既至,所设唯茶果而已。俶遂陈盛馔,珍羞必具。及安去,纳杖俶四十,云:‘汝既不能光益叔父,奈何秽吾素业?’”

《晋书》[②]:“桓温为扬州牧,性俭,每宴饮,唯下七奠[③]拌茶果而已。”

《搜神记》[④]:“夏侯恺因疾死,宗人字苟奴察见鬼神,见恺来收马,并病其妻。著平上帻、单衣,入坐生时西壁大床,就人觅茶饮。”

【注释】

①《晋中兴书》:晋代断代纪传体史书,南朝宋何法盛撰。共七十八卷,一说八十卷,已佚。今有汤球辑本。

②《晋书》:二十四史之一,记载从三国时期司马懿早年至东晋恭帝

元熙二年(420)刘裕废晋帝自立之间的历史。唐房玄龄等人合著,作者共二十一人。此处所引与《晋书·桓温传》原文有异:“温性俭,每宴惟下七奠柈茶果而已。”

③奠:同“饤”,将食物堆叠在器皿中。此处用作量词。

④《搜神记》:晋代干宝搜集撰写的记录神仙鬼怪的著作,原有三十卷,今仅存辑本二十卷。此处所引见《搜神记》卷十六。

【译文】

《晋中兴书》:“陆纳担任吴兴太守时,卫将军谢安经常想去拜访他,《晋书》中说:陆纳为吏部尚书。陆纳兄长之子陆俶埋怨陆纳不为此事提前准备,又不敢去询问他,就私下准备了可供十几个人享用的饭菜。谢安到来后,陆纳用来招待他的仅有茶和水果。陆俶于是就陈设盛宴,珍馐美食都具备。等谢安离开之后,陆纳杖打了陆俶四十棍,说:‘你既然不能为叔父我增加荣耀,为什么反倒玷污我朴素的节操呢?’”

《晋书》:“桓温担任扬州牧时,性情节俭,每次举办宴会,只摆出七盘茶与水果而已。”

《搜神记》:“夏侯恺因病去世,他同宗族的人之中有个字苟奴的,能够看见鬼神,看到夏侯恺回来收取马匹,而且还让他的妻子也生了病。夏侯恺戴着平顶头巾,穿着单衣,进屋坐在他生前用的靠西墙的大床上,向人要茶喝。”

【原文】

刘琨《与兄子南兖州[①]刺史演书》云:“前得安州[②]干姜一斤,桂一斤,黄芩一斤,皆所须也。吾体中溃闷,常仰真茶,汝可置之。”

傅咸《司隶教》[③]曰:“闻南方有蜀妪作茶粥[④]卖,为廉事打破其器具,后又卖饼于市。而禁茶粥以困蜀妪,何哉?”

《神异记》[5]:“余姚人虞洪入山采茗,遇一道士,牵三青牛,引洪至瀑布山曰:‘吾,丹丘子也。闻子善具饮,常思见惠。山中有大茗,可以相给,祈子他日有瓯牺之余,乞相遗也。’因立奠祀。后常令家人入山,获大茗焉。”

【注释】

①南兖州:晋惠帝末年“永嘉之乱”时,兖州全境沦没,附属后赵。晋明帝太宁年间(323—325)以郗鉴为兖州刺史,寄居广陵。孝武帝太元年间(376—396)割江淮地区为兖州辖境,领十四郡。历史上称广陵之兖州为南兖州,而称北方郓城同时存在的兖州为北兖州。

②安州:北魏皇始二年(397)于河北地区置安州,治中山郡卢奴县(今河北定州)。天兴三年(400),改为定州。刘琨于大兴元年(318)年被段匹磾缢杀,其时并无安州。上条注释中“南兖州”也为后人为作区分而称。此二处疑为后人更改。

③《司隶教》:司隶校尉发出的指令、谕告。

④茶粥:烧煮的浓茶。因其表皮呈稀粥之状,故称。

⑤《神异记》:中国神话志怪小说集,晋代王浮撰。原书已散佚。鲁迅《古小说钩沉》引有八则。

【译文】

刘琨在《与兄子南兖州刺史演书》中说:“之前收到你寄来的安州干姜一斤、桂一斤、黄芩一斤,这些都是我需要的。我身体烦闷不畅时,经常要仰仗好茶来调养,你可以置办一些。”

傅咸在《司隶教》中说:“我听说南市有来自蜀地的老妇制作茶粥售卖,被廉事打碎了她的器具,后来她又在南市卖饼。禁止售卖茶粥,以此为难蜀地老妇,这是为什么呢?”

《神异记》:“余姚人虞洪上山采茶,遇到了一个道士,牵着三头青牛,将虞洪带到瀑布山,道士对他说:‘我是来自丹丘的仙人。我听说你善于煮茶,经常想着你能惠赠我一些。这座山中有大茶树,可以供你采摘,希望你以后哪一天如果有多余的茶,可以送给我喝。’虞洪因此设下祭坛,以茶祭祀。之后虞洪经常让家人去瀑布山,找到了那棵大茶树。”

【原文】

左思《娇女诗》[①]:“吾家有娇女,皎皎颇白皙。小字为纨素,口齿自清历。有姊字惠芳,眉目粲如画。驰骛[②]翔园林,果下皆生摘。贪华风雨中,倏忽数百适[③]。心为茶荈剧,吹嘘对鼎䥶[④]。”

张孟阳《登成都楼诗》[⑤]云:“借问扬子舍[⑥],想见长卿庐[⑦]。程卓累千金[⑧],骄侈拟五侯[⑨]。门有连骑客[⑩],翠带腰吴钩[⑪]。鼎食随时进,百和妙且殊[⑫]。披林采秋橘,临江钓春鱼。黑子过龙醢[⑬],果馔逾蟹蝑[⑭]。芳茶冠六清[⑮],溢味播九区。人生苟安乐,兹土聊可娱。”

【注释】

①《娇女诗》:左思诗作,描写两个小女儿稚气活泼的情态。此处仅摘引部分。全诗如下:吾家有娇女,皎皎颇白皙。小字为纨素,口齿自清历。鬓发覆广额,双耳似连璧。明朝弄梳台,黛眉类扫迹。浓朱衍丹唇,黄吻烂漫赤。娇语若连琐,忿速乃明憻。握笔利彤管,篆刻未期益。执书爱绨素,诵习矜所获。其姊字惠芳,眉目粲如画。轻妆喜楼边,临镜忘纺绩。举觯拟京兆,立的成复易。玩弄眉颊间,剧兼机杼役。从容好赵舞,延袖象飞翮。上下弦柱际,文史辄卷襞。顾眄屏风书,如见已指摘。丹青日尘暗,明义为隐赜。驰骛翔园林,果下皆生摘。红葩缀紫蒂,萍实

骤柢掷。贪华风雨中，眒忽数百适。务蹑霜雪戏，重綦常累积。并心注肴馔，端坐理盘槅。翰墨戢闲案，相与数离逖。动为垆钲屈，屣履任之适。止为荼荈据，吹嘘对鼎鬲。脂腻漫白袖，烟熏染阿锡。衣被皆重地，难与沉水碧。任其孺子意，羞受长者责。瞥闻当与杖，掩泪俱向壁。

②驰骛：疾驰，奔腾。

③适：往，去。

④心为茶荈剧，吹嘘对鼎鬲：心中急切想要让茶叶赶快煮好，于是对着烹茶的鼎鬲吹火。鬲，同“鬲”，古代炊具。

⑤《登成都楼诗》：西晋张载诗作，又称《登成都白菟楼诗》，此处仅摘引部分。全诗如下：重城结曲阿，飞宇起层楼。累栋出云表，峣嶭临太虚。高轩启朱扉，回望畅八隅。西瞻岷山岭，嵯峨似荆巫。蹲鸱蔽地生，原隰殖嘉蔬。虽遇尧汤世，民食恒有余。郁郁小城中，岌岌百族居。街术纷绮错，高甍夹长衢。借问扬子宅，想见长卿庐。程卓累千金，骄侈拟五侯。门有连骑客，翠带腰吴钩。鼎食随时进，百和妙且殊。披林采秋橘，临江钓春鱼。黑子过龙醢，果馔逾蟹蝑。芳茶冠六清，溢味播九区。人生苟安乐，兹土聊可娱。

⑥扬子舍：扬雄住宅。《太平寰宇记》：“子云宅在成都少城西南角，一名草玄堂。”

⑦长卿庐：司马相如在成都的住宅。

⑧程卓累千金：西汉郑程和卓王孙，在蜀郡临邛靠冶铁成为富商。程卓，郑程和卓王孙的合称。

⑨五侯：一指公、侯、伯、子、男五等爵位。一指西汉河平二年（前27），西汉成帝刘骜封他的五个舅舅为侯，合称王氏五侯。一指东汉桓帝同一天封单超、徐璜、具瑗、左倌、唐衡等五大宦官为侯，合称东汉五侯。

⑩连骑客：主仆都骑马称作“连骑”，形容客人地位高贵。

⑪吴钩：吴地出产的刀，形似剑而曲。

⑫鼎食随时进，百和妙且殊：鼎中盛的食物随着时节而不同，各种佳肴味道美妙且独特。

⑬黑子过龙醢：黑子，无法详解。龙醢，用龙肉制成的酱，比如极美味的食物。

⑭蟹蝑：蟹酱。

⑮六清：指六种饮料，水、浆、醴、凉、医、酏。

【译文】

左思《娇女诗》："吾家有娇女，皎皎颇白皙。小字为纨素，口齿自清历。有姊字惠芳，眉目粲如画。驰骛翔园林，果下皆生摘。贪华风雨中，倏忽数百适。心为茶荈剧，吹嘘对鼎䥶。"

张孟阳的《登成都楼诗》中写道："借问扬子舍，想见长卿庐。程卓累千金，骄侈拟五侯。门有连骑客，翠带腰吴钩。鼎食随时进，百和妙且殊。披林采秋橘，临江钓春鱼。黑子过龙醢，果馔逾蟹蝑。芳茶冠六清，溢味播九区。人生苟安乐，兹土聊可娱。"

【原文】

傅巽《七诲》[①]："蒲桃宛柰[②]，齐柿燕栗，峘阳[③]黄梨，巫山朱橘，南中[④]茶子，西极石蜜[⑤]。"

弘君举《食檄》："寒温[⑥]既毕，应下霜华之茗[⑦]；三爵而终，应下诸蔗[⑧]、木瓜、元李[⑨]、杨梅、五味[⑩]、橄榄、悬豹[⑪]、葵羹[⑫]各一杯。"

孙楚《歌》[⑬]："茱萸出芳树颠，鲤鱼出洛水[⑭]泉。白盐出河东[⑮]，美豉[⑯]出鲁渊[⑰]。姜、桂、茶荈出巴蜀，椒、橘、木兰出高山。蓼苏[⑱]出沟渠，精稗[⑲]出中田。"

【注释】

①《七诲》：七体，赋的一种，通过虚设的主客反复问答，铺陈七事。

②蒲桃宛柰：蒲地生产的桃和宛地生产的柰。蒲，多指今山西永济

一带。宛,今河南南阳。柰,苹果的一个品种,又称花红、柰子、沙果。

③峘阳:峘,即北岳恒山。峘阳,恒山南面的地区。

④南中:指今天的云南、贵州和四川西南部。

⑤西极石蜜:西极,西方极远之处,又指长安以西的疆域。石蜜,一指甘蔗汁经过太阳暴晒后而成的固体原始蔗糖,一指野生蜂蜜。

⑥寒温:问候冷暖起居,即寒暄。

⑦霜华之茗:表面漂浮着如霜花般浮沫的茶汤。

⑧诸蔗:甘蔗。

⑨元李:李子。

⑩五味:五味子,八角科,果实入药,有收敛固涩,益气生津,补肾宁心的功效。

⑪悬豹:未详。

⑫葵羹:即冬葵制成的羹。冬葵,锦葵科,一年生草本。幼苗或嫩茎叶可炒食、做汤、做馅,柔滑味美、清香。

⑬《歌》:孙楚诗作,又称《出歌》《孙楚歌》。

⑭洛水:黄河右岸支流洛河的古称。

⑮河东:河东郡,秦置,治所在安邑(今山西夏县北),晋移治蒲坂(今山西永济)。

⑯美豉:上等豆豉。

⑰鲁渊:鲁地的湖泽。鲁,今山东南部。渊,深潭,深池。

⑱蓼苏:蓼,蓼科,一年生草本植物。蓼科部分植物的泛称。苏,即紫苏,唇形科,一年生草本植物。叶、梗、果均可入药,嫩叶可生食、作汤。

⑲精稗:上等精米。稗,通"粺",精米。

【译文】

傅巽《七诲》:"蒲地生产的桃,宛地生产的柰,齐地生产的柿子,燕地生产的栗子,恒山一带生产的黄梨,巫山一带生产的红橘,南中一带生产的茶子,西方极远地区生产的石蜜。"

弘君举《食檄》:“寒暄之后,就应该饮用有霜花般浮沫的好茶;几杯喝过之后,就应该再饮用甘蔗、木瓜、元李、杨梅、五味、橄榄、悬豹、冬葵羹各一杯。”

孙楚《歌》:“茱萸出芳树颠,鲤鱼出洛水泉。白盐出河东,美豉出鲁渊。姜、桂、茶荈出巴蜀,椒、橘、木兰出高山。蓼苏出沟渠,精稗出中田。”

【原文】

华佗《食论》[①]:“苦茶久食,益意思。”

壶居士《食忌》[②]:“苦茶久食,羽化;与韭同食,令人体重。”

郭璞《尔雅注》云:“树小似栀子,冬生叶可煮羹饮。今呼早取为茶,晚取为茗,或一曰荈,蜀人名之苦茶。”

《世说》[③]:“任瞻,字育长,少时有令名,自过江[④]失志。既下饮,问人云:‘此为茶?为茗?’觉人有怪色,乃自分明云:‘向问饮为热为冷。’”

《续搜神记》[⑤]:“晋武帝[⑥]世,宣城人秦精,常入武昌山[⑦]采茗。遇一毛人,长丈余,引精至山下,示以丛茗而去。俄而复还,乃探怀中橘以遗精。精怖,负茗而归。”

【注释】

①华佗《食论》:华佗(约 145—208),字元化,一名旉,沛国谯县(今安徽亳州)人,东汉末年著名医学家。著有《青囊经》。《食论》已佚,内容不详。

②壶居士《食忌》:壶居士,又称壶公,东汉时期的卖药人,传说中的

仙人。《食忌》,内容不详。

③《世说》:即《世说新语》,南朝宋刘义庆组织一批文人编写的笔记小说,内容主要是记载东汉后期到晋宋间一些名士的言行与轶事。

④过江:建兴五年(317)西晋灭亡后,中原士族相随南逃,中原政权南迁,称为过江。

⑤《续搜神记》:又名《搜神后记》,《搜神记》的续书。南北朝时伪托东晋陶潜(约365—427)撰。

⑥晋武帝:即司马炎(236—290),字安世,河内温县(今河南温县)人,晋朝开国皇帝,265—290年在位。传见《晋书》卷三。

⑦武昌山:《三国志·吴志·吴主传》:"权自公安都鄂,改名武昌。"清柯逢时《武昌县志》:"武昌山在县南一百五十里,山属灵溪乡,武昌以武昌山为名,孙权所都。山高百丈,周八十里。"

【译文】

华佗《食论》:"长期饮用苦茶,有助于增益意志和思维。"

壶居士《食忌》:"长期饮用苦茶,可以羽化成仙;将茶与韭菜同时食用,会使人增加体重。"

郭璞《尔雅注》中说:"茶树矮小如同栀子,冬季长青,茶叶可以煮制羹汤饮用。现在称早采摘的茶叶叫作茶,晚采摘的茶叶叫作茗,或者叫荈,蜀地的人称之为苦茶。"

《世说》:"任瞻,字育长,年少的时候有美好的名声,自南渡之后,渐渐失去了神智。倒好茶之后,任瞻问别人:'这是茶,还是茗?'察觉到别人有奇怪的神色,就为自己辩解说:'我刚刚问的是这茶是热还是冷。'"

《续搜神记》:"晋武帝的时候,宣城人秦精经常去武昌山采茶。一次他遇到一个毛人,高一丈多,毛人将他带到山下,向他展示茶丛的位置之后离去。过了一会儿毛人回来,将怀里的橘子掏出来送给了秦精。秦精非常害怕,背着茶就回去了。"

【原文】

《晋四王起事》[1]:"惠帝蒙尘还洛阳[2],黄门以瓦盂盛茶上至尊[3]。"

《异苑》[4]:"剡县陈务妻,少与二子寡居。好饮茶茗。以宅中有古冢,每饮辄先祀之。二子患之曰:'古冢何知?徒以劳意。'欲掘去之,母苦禁而止。其夜,梦一人云:'吾止此冢三百余年,卿二子恒欲见毁,赖相保护,又享吾佳茗,虽潜壤朽骨,岂忘翳桑之报[5]。'及晓,于庭中获钱十万,似久埋者,但贯新耳。母告二子,惭之,从是祷馈愈甚。"

《广陵耆老传》[6]:"晋元帝[7]时有老姥,每旦独提一器茗,往市鬻[8]之。市人竞买,自旦至夕,其器不减。所得钱散路傍孤贫乞人,人或异之。州法曹絷之狱中[9]。至夜,老姥执所鬻茗器,从狱牖中飞出。"

【注释】

①《晋四王起事》:一作《晋四王遗事》,晋卢綝撰,主要记述晋惠帝征成都王颖而军败荡阴之事。共四卷,已佚,清代学者黄奭辑有十余节。

②惠帝蒙尘还洛阳:八王之乱时,赵王司马伦于晋永宁元年(301)篡位,并将晋惠帝囚禁于金墉城。晋光熙元年(306),东海王司马越将晋惠帝迎归洛阳。惠帝,即晋惠帝司马衷。蒙尘,指帝王失位逃亡在外。

③黄门以瓦盂盛茶上至尊:宦官们将粗陶碗盛上茶汤献给晋惠帝。黄门,宦官。至尊,皇帝。

④《异苑》:南朝宋刘敬叔所撰志怪小说集。共十卷,《津逮秘书》《学津讨原》等古丛书中收有此书。

⑤翳桑之报:成语典故。鲁宣公二年(前607),晋国大夫赵盾在首阳山(今山西永济一带)打猎,在翳桑地方遇到晋人灵辄非常饥饿,便拿

带的东西给他吃。后来灵辄当了晋灵公的甲士，在灵公派兵追杀赵盾的时候，毅然倒戈抵御灵公的兵士，救出了赵盾。事见《左传·宣公二年》。

⑥《广陵耆老传》：内容不详，已佚。

⑦晋元帝：司马睿（276—323），字景文，晋武帝司马炎从子，东晋开国皇帝，318—323 年在位。传见《晋书》卷六。

⑧鬻：卖。

⑨州法曹縶之狱中：州法曹将老妇拘捕入狱。法曹，古代司法机关或司法官员的称谓。縶，拘禁，逮捕。

【译文】

《晋四王起事》："晋惠帝久经流亡，被迎归洛阳的时候，宦官们都将粗陶碗盛上茶汤献给晋惠帝。"

《异苑》："剡县陈务的妻子，年轻的时候就带着两个儿子守寡。她喜爱饮茶。因为家宅中有一座古墓，她每次饮茶之前，都要先用茶去祭祀。两个儿子对此很厌烦，说：'这座古墓又知道什么？只不过白费精力罢了。'并想要把这座古墓挖除，母亲苦苦劝说才制止他们。这天晚上，陈务的妻子梦到一个人对她说：'我在这个墓里待了三百多年了，你的两个儿子一直都想毁掉它，全仰赖你的保护才没有被毁掉，你又让我能够享用好茶，我虽然是深埋于土壤之中的朽骨，又岂能忘了知恩图报呢？'等到天亮后，陈务的妻子在庭院中得到了十万铜钱，看起来好像埋在土里很久了，但穿铜钱的贯绳却是全新的。母亲将这件事告诉了两个儿子，两个儿子十分惭愧，从此以后，他们的祈祷和供奉更加虔诚了。"

《广陵耆老传》："晋元帝的时候，有一个老妇，每天早晨独自提着一器皿的茶，到集市上去卖。集市上的顾客都竞相购买，从白天到晚上，老妇器皿中的茶都没有减少的迹象。老妇将其赚取的钱都分给路边孤苦贫困的乞丐，有很多人都感到奇怪。该州的法曹将这个老妇拘捕到监狱中。到了晚上，老妇手拿着她卖茶的器皿，从监狱的窗户中飞了出去。"

【原文】

《艺术传》[1]:"敦煌人单道开,不畏寒暑,常服小石子。所服药有松、桂、蜜之气,所饮茶苏而已。"

释道该说《续名僧传》[2]:"宋释法瑶,姓杨氏,河东人。元嘉[3]中过江,遇沈台真[4],请真君武康小山寺。年垂悬车[5],饭所饮茶。大明[6]中,敕吴兴礼致上京,年七十九。"

宋《江氏家传》[7]:"江统,字应元,迁愍怀太子洗马[8]。常上疏谏云:'今西园卖醯[9]、面、蓝子、菜、茶之属,亏败国体。'"

《宋录》[10]:"新安王子鸾、豫章王子尚诣昙济道人于八公山,道人设茶茗。子尚味之,曰:'此甘露也,何言茶茗?'"

【注释】

①《艺术传》:指《晋书》卷九十五之《艺术列传》。此处所引与原文略有出入。

②释道该说《续名僧传》:释道该说,疑为"释道悦",张姓,荆州昭丘人,隋末唐初僧人,十二岁于玉泉寺出家。传见《续高僧传》卷三十三。《续名僧传》,可能是后人续写南朝梁释宝唱所撰三十卷《名僧传》。

③元嘉:南朝宋文帝年号,424—453年。

④沈台真:沈演之(397—449),字台真、召真,吴兴武康(今浙江德清)人。南朝宋官员,曾任司徒祭酒、吏部尚书等职。传见《宋书》卷六十三。

⑤年垂悬车:年龄将近七十岁。垂,将尽,将及。悬车,借指七十岁。古人一般至七十岁辞官家居,废车不用,故云。

⑥大明:南朝宋孝武帝年号,457—464年。

⑦《江氏家传》:南朝宋江饶所撰,共七卷,已佚。

⑧愍怀太子洗马:愍怀太子,即司马遹(278—300),字熙祖,晋惠帝司马衷长子,西晋太子。永康元年(300)被贾谧杀害,后追谥为愍怀太子。洗马,即太子洗马,古代官职名,太子的侍从。晋朝时负责掌管图书和典籍,讲论时主持有关事项,出行时前驱,引导仪仗。

⑨醯:醋。

⑩《宋录》:不详。

【译文】

《艺术传》:"敦煌人单道开,不害怕严寒酷暑,经常吞服小石子。他所服用的药有松、桂、蜜的气味,他所饮用的只有茶和紫苏而已。"

释道该说《续名僧传》:"南朝宋僧人法瑶,姓杨,河东人。他元嘉年间过江,遇到了沈台真,请沈台真去武康小山寺。那时法瑶年龄已经接近七十岁,经常以茶代饭。大明年间,南朝宋孝武帝敕令吴兴地区官员将法瑶礼送到京城建康,这个时候法瑶七十九岁。"

南朝宋《江氏家传》:"江统,字应元,升迁担任愍怀太子的洗马。他经常上疏进谏说:'现在西园卖醋、面、蓝子、菜、茶之类的杂物,亏损、败坏国家的体统。'"

《宋录》:"新安王刘子鸾、豫章王刘子尚,到八公山拜访昙济道人,昙济道人摆设茶来招待他们。刘子尚品尝了味道之后,说:'这是甘露,为什么要说这是茶呢?'"

【原文】

王微《杂诗》[①]:"寂寂掩高阁,寥寥空广厦。待君竟不归,收领今就槚。"

鲍照妹令晖著《香茗赋》。

南齐世祖武皇帝遗诏:"我灵座上慎勿以牲为祭,

但设饼果、茶饮、干饭、酒脯而已。”

梁刘孝绰《谢晋安王饷米等启》[②]:“传诏李孟孙宣教旨,垂赐米、酒、瓜、笋、菹[③]、脯、酢[④]、茗八种。气苾新城,味芳云松[⑤]。江潭抽节,迈昌荇之珍[⑥];疆场擢翘,越葺精之美[⑦]。羞非纯束野麏,裛似雪之驴[⑧]。鲊异陶瓶河鲤,操如琼之粲[⑨]。茗同食粲,酢类望柑。免千里宿舂,省三月粮聚[⑩]。小人怀惠,大懿难忘。”

【注释】

①王微《杂诗》:王微(415—443),字景玄,一作景贤,琅邪临沂(今山东临沂)人,南朝宋画家、诗人。其五言诗以《杂诗》为代表。传见《宋书》卷六十二。王微有《杂诗》二首,此处所引为其中一首,与原文略有出入,全诗如下:桑妾独何怀,倾筐未盈把。自言悲苦多,排却不肯舍。妾悲叵陈诉,填忧不销冶。寒雁归所从,半涂失凭假。壮情抃驱驰,猛气捍朝社。常怀云汉惭,常欲复周雅。重名好铭勒,轻躯愿图写。万里度沙漠,悬师蹈朔野。传闻兵失利,不见来归者。奚处埋旍麾,何处丧车马。拊心悼恭人,零泪覆面下。徒谓久别离,不见长孤寡。寂寂掩高门,寥寥空广厦。待君竟不归,收颜今就槚。

②《谢晋安王饷米等启》:晋安王,南朝梁简文帝萧纲(503—551),字世缵,三岁时封晋安王,中大通三年(531)被立为太子,太清三年(549)即位,大宝二年(551)为侯景所害。传见《梁书》卷四及《南史》卷八。启,古代文体,书信。

③菹(zū):酸菜,腌菜。

④酢:同“醋”。

⑤气苾(bì)新城,味芳云松:米的清香堪比新城产的米,酒的香气如同松树般高耸入云。苾,芳香。新城,在今杭州市富阳区,当时为产米名镇。

⑥江潭抽节,迈昌荇之珍:江边抽发的竹笋,比菖蒲、荇菜还要美味。

昌,同“菖”,菖蒲。荇,荇菜,龙胆科,多年生水生植物,古代食材。

⑦疆场擢翘,越葺精之美:在田间摘取优质的瓜,比最好的还要好。疆场,田间。擢,拔,摘。翘,出众,优秀。葺精,意为极好。葺,累积,重叠。

⑧羞非纯束野麏,裛似雪之驴:送来的珍馐虽然不是用白茅草捆扎的獐鹿,却是精心缠包的肉干。纯束野麏,出自《诗经·召南·野有死麕》:“林有朴樕,野有死鹿,白茅纯束。”麏,古同“麇”,獐子。裛,缠绕。

⑨鲊异陶瓶河鲤,操如琼之粲:腌制的鱼肉虽然不是陶侃的坛装腌鱼,却像琼玉般晶莹的白米。陶瓶河鲤,出自《世说新语·贤媛》:陶公少时作鱼梁吏,尝以一坩鲊饷母。母曰:“此何来?”使者曰:“官府所有。”母封鲊付使,反书责侃曰:“汝为吏,以官物见饷,非惟不益,乃增吾忧也。”粲,上等白米。

⑩免千里宿舂,省三月粮聚:如此丰厚的食物,可以使我长时间不用另外筹措了。千里宿舂、三月粮聚,均出自《庄子·逍遥游》:“适百里者宿舂粮,适千里者三月聚粮。”

【译文】

王微《杂诗》:“寂寂掩高阁,寥寥空广厦。待君竟不归,收领今就槚。”

鲍照的妹妹鲍令晖著有《香茗赋》。

南朝齐世祖武皇帝遗诏说:“我的灵位上千万不要把牲畜作为祭品,只需要摆设一些饼果、茶饮、干饭、酒脯就行了。”

南朝梁刘孝绰《谢晋安王饷米等启》:“传诏李孟孙宣布了您的旨意,赐予我米、酒、瓜、笋、腌菜、肉干、醋、茗八种食品。米的清香堪比新城产的米,酒的香气如同松树般高耸入云。江边抽发的竹笋,比菖蒲、荇菜还要美味;在田间摘取优质的瓜,比最好的还要好。送来的珍馐虽然不是用白茅草捆扎的獐鹿,却是精心缠包的肉干;腌制的鱼肉虽然不是陶侃的坛装腌鱼,却像琼玉般晶莹的白米。茶如同精米一样好,醋就像柑橘一样酸。如此丰厚的食物,可以使我长时间不用另外筹措了。小人心怀感恩,您的恩德我难以忘怀。”

【原文】

陶弘景《杂录》[①]:“苦茶轻身换骨,昔丹丘子、黄山君服之。”

《后魏录》[②]:“琅琊王肃仕南朝,好茗饮、莼羹[③]。及还北地,又好羊肉、酪浆。人或问之:‘茗何如酪?’肃曰:‘茗不堪与酪为奴。’”

《桐君录》[④]:“西阳[⑤]、武昌[⑥]、庐江[⑦]、晋陵[⑧]好茗,皆东人作清茗。茗有饽,饮之宜人。凡可饮之物,皆多取其叶。天门冬[⑨]、拔揳[⑩]取根,皆益人。又巴东别有真茗茶,煎饮令人不眠。俗中多煮檀叶并大皂李[⑪]作茶,并冷。又南方有瓜芦木,亦似茗,至苦涩,取为屑茶饮,亦可通夜不眠。煮盐人但资此饮,而交、广[⑫]最重,客来先设,乃加以香芼辈。”

【注释】

①《杂录》:不详。《太平御览》卷八十七引作《新录》。

②《后魏录》:不详。

③莼羹:莼菜做的羹。莼,莼菜,睡莲科,多年生水生宿根草本。嫩叶可供食用,莼菜羹可以消肿、解毒。

④《桐君录》:全称《桐君采药录》,又称《采药录》,后人伪托桐君之名所撰的制药学专著,已佚。桐君,据说是黄帝的大臣,擅长本草。

⑤西阳:西阳郡,西晋置国,东晋改为郡。治所在西阳(今湖北黄冈一带)。

⑥武昌:武昌郡,三国吴始置,治所在武昌(今湖北鄂州),后改称江

夏郡。西晋改回武昌郡。

⑦庐江:庐江郡,西汉始置,治所在舒县(今安徽庐江一带)。南朝宋时属南豫州,治所在灊(今安徽霍山一带)。

⑧晋陵:晋陵郡,西晋永嘉五年(311),因避东海王司马越世子司马毗讳,改毗陵郡为晋陵郡,治所在丹徒(今江苏省镇江市丹徒区)。东晋初移治京口(今江苏镇江)。义熙九年(413)移治晋陵县(今江苏常州)。

⑨天门冬:百合科,多年生草本植物。块根入药,有滋阴润燥、清肺降火的功效。

⑩拔揳:即菝葜,百合科,多年生藤本落叶攀附植物。块根入药,有利湿去浊、祛风除痹、解毒散瘀的功效。

⑪大皂李:即鼠李,鼠李科,灌木或小乔木。果实入药,有清热利湿、消积通便的功效。

⑫交、广:交州、广州。西汉武帝元鼎六年(前111),汉平南越国,设交趾刺史部,汉代十三州之一。东汉末改交趾为交州,治所在龙编(今越南北宁),辖今两广及越南中北部。226年,吴国从交州分出广州,广州治番禺(今属广东广州)。

【译文】

陶弘景《杂录》:"苦荼可以使身体放松、筋骨畅通,以前丹丘子、黄山君经常饮用。"

《后魏录》:"琅琊的王肃在南朝做官时,喜爱喝茶和莼菜羹。等他回到北方,又喜欢吃羊肉、喝羊奶。有人问他:'茶和羊奶相比,哪个好喝?'王肃回答道:'茶比不上羊奶,只可以给羊奶做奴隶。'"

《桐君录》:"西阳郡、武昌郡、庐江郡、晋陵郡的人都喜欢喝茶,招待客人都用清茶。茶有浮沫,饮用浮沫对人有好处。凡是可以饮用的植物,大多选取它们的叶子做原料。天门冬和拔揳要选取它们的块根,都对人有好处。另外,巴东地区另有真正的好茶,煎煮饮用之后,可以让人没有困意。民间大多将檀叶与大皂李一起煮,当作茶来饮用,都很清凉。

此外,南方还有瓜芦树,也很像茶,味道十分苦涩,选取瓜芦的叶片制成茶末饮用,也可以通宵不用睡觉。煮盐的人全靠喝这种饮品,特别是交州、广州这种风气最重,客人到来后先提供这种饮品,还要再加上各种香料。"

【原文】

《坤元录》[①]:"辰州溆浦县[②]西北三百五十里无射山,云蛮俗当吉庆之时,亲族集会歌舞于山上。山多茶树。"

《括地图》[③]:"临遂县[④]东一百四十里有茶溪。"

山谦之《吴兴记》[⑤]:"乌程县[⑥]西二十里有温山,出御荈。"

《夷陵图经》[⑦]:"黄牛[⑧]、荆门[⑨]、女观[⑩]、望州[⑪]等山,茶茗出焉。"

《永嘉图经》[⑫]:"永嘉县东三百里有白茶山。"

《淮阴图经》[⑬]:"山阳县[⑭]南二十里有茶坡。"

《茶陵图经》[⑮]云:"茶陵者,所谓陵谷生茶茗焉。"

【注释】

①《坤元录》:南宋王应麟认为《坤元录》与《括地志》为同本。王应麟《玉海》卷十五《地理》:"《中兴书目》:《坤元录》十卷,泰撰(注:即《括地志》也,其书残缺,《通典》引之)。"清代顾祖禹认为两书非同本。清顾祖禹《读史方舆纪要·凡例》:"宋《崇文目》云:《坤元录》一本,即《括地志》。按杜氏《通典》,《坤元》与《简地志》('括',唐大历中讳曰'简')并列,则非一书也。"

②辰州溆浦县:辰州,隋开皇九年(589)废沅陵郡,始置,治所在今怀化沅陵。溆浦县,唐武德五年(622)析辰溪县置,属辰州。今湖南

溆浦。

③《括地图》：地理博物体志怪小说，作者不详，已佚。现存清王谟《汉唐地理书钞》辑本、黄奭《黄氏逸书考》辑本、王仁俊《玉函山房辑佚书补编》辑本。

④临遂县：疑为"临蒸县"，又作临承县或临烝县，东汉建安中分酃、烝阳两县置，属衡阳郡。隋唐年间改称衡阳县。今湖南衡阳。

⑤《吴兴记》：南朝宋山谦之撰地方志，三卷，已佚。今存辑本，于《宋书·州郡志》《永乐大典》《初学记》诸书得四十余条。

⑥乌程县：秦王政二十五年（前222）置，属会稽郡。今浙江湖州。

⑦《夷陵图经》：不详。夷陵，隋大业三年（607）改峡州置夷陵郡，治夷陵县（在今湖北宜昌一带）。

⑧黄牛：即黄牛山，在今湖北省宜昌市西。

⑨荆门：即荆门山，在今湖北省宜都市西北、长江南岸。

⑩女观：即女观山，在今湖北省宜都市西北。《水经注》卷三十四："夷道县……县北有女观山，厥处高显，回眺极目。"

⑪望州：即望州山，在今湖北省宜昌市西。

⑫《永嘉图经》：不详。永嘉，东晋太宁元年（323），析临海郡置永嘉郡，属扬州，治所在今浙江温州。隋开皇九年（589），永宁、安固、横阳、乐成四县合并，称永嘉县，属处州。大业三年（607）恢复永嘉郡，治所在括苍（今浙江丽水），仍属扬州。唐上元二年（675），析括州之永嘉、安固二县置温州，治所在永嘉（今浙江温州），隶江南道。

⑬《淮阴图经》：不详。淮阴，东魏置淮阴郡，治所在怀恩县（今江苏淮安一带），陈太建五年（573）改为东平郡。隋开皇元年（581）复为淮阴郡。三年（583），废郡。

⑭山阳县：东晋义熙七年（411），析广陵、临淮二郡，置山阳郡等五郡，山阳郡治所在山阳县。今江苏淮安。

⑮《茶陵图经》：不详。茶陵，西汉置县。今湖南茶陵。

【译文】

《坤元录》:“辰州溆浦县西北方三百五十里处有座无射山,据说当地有风俗,在吉庆的时候,亲族会在这座山上集会歌舞。山上生长着许多茶树。”

《括地图》:“临遂县东方一百四十里处有条茶溪。”

山谦之《吴兴记》:“乌程县西方二十里处有座温山,那里出产用于上贡的茶。”

《夷陵图经》:“黄牛、荆门、女观、望州等山,都出产茶。”

《永嘉图经》:“永嘉县东方三百里处有座白茶山。”

《淮阴图经》:“山阳县南方二十里处有一个茶坡。”

《茶陵图经》云:“茶陵,意思就是山陵峡谷之中生长着茶树。”

【原文】

《本草·木部》:“茗,苦茶。味甘苦,微寒,无毒。主瘘疮[①],利小便,去痰渴热,令人少睡。秋采之苦,主下气消食。”注云:“春采之。”

《本草·菜部》:“苦茶,一名荼,一名选,一名游冬[②],生益州[③]川谷,山陵道傍,凌冬不死。三月三日采,干。”注云:“疑此即是今茶,一名荼,令人不眠。”《本草》注:“按《诗》云‘谁谓荼苦[④]’,又云‘堇荼如饴[⑤]’,皆苦菜也。陶谓之苦茶,木类,非菜流。茗,春采,谓之苦搽途遐反。”

《枕中方》[⑥]:“疗积年瘘,苦茶、蜈蚣并炙,令香熟,等分,捣筛,煮甘草汤洗,以末傅之。”

《孺子方》[⑦]:“疗小儿无故惊蹶,以苦茶、葱须煮服之。”

【注释】

①瘘疮：瘘，中医指颈部生疮，久而不愈，常出浓水。疮，皮肤上肿烂溃疡的病。

②游冬：一种苦菜。味苦，入药，生于秋末经冬春而成，故名。

③益州：唐武德元年（618）改蜀郡为益州，属剑南道。天宝元年（742）改回蜀郡。至德二年（757），蜀郡更升为南京成都府。治所在今四川成都。

④谁谓荼苦：出自《诗经·邶风·谷风》："谁谓荼苦，其甘如荠。"

⑤堇荼如饴：出自《诗经·大雅·绵》："周原膴膴，堇荼如饴。"堇，堇菜，又名堇堇菜，堇菜科，多年生草本。

⑥《枕中方》：疑为孙思邈撰医书《神枕方》，已佚。

⑦《孺子方》：医书，内容不详。

【译文】

《本草·木部》："茗，就是苦荼。味道甘苦，略微有寒性，没有毒性。主治瘘疮，可以利尿，化痰，解渴，散热，让人睡眠减少。秋天采摘的茶味道很苦，可以通气、消食。"注说："要春天采摘。"

《本草·菜部》："苦荼，又叫荼，又叫选，又叫游冬，生长在益州的山川峡谷之间，以及山陵道路边，经过冬天也不会被冻死。要在三月三日采摘，烘干。"注说："可能这就是现在所说的茶，又叫荼，可以让人睡眠减少。"《本草》注释说："按《诗经》中说的'谁谓荼苦'，又说'堇荼如饴'，都说的是苦菜。陶弘景所说的苦荼，应归类为木本植物，不是菜类。茗，如果在春季采摘，就称其为苦搽读音为'途遐反'。"

《枕中方》："治疗多年的瘘病，将苦茶和蜈蚣放在一起炙烤，直到烤熟并散发香味，然后将其平均分成两份，捣碎并筛出细末，再煮一碗甘草汤清洗患处，之后用细末敷到患处。"

《孺子方》："治疗小孩子无缘无故突然惊厥，将苦茶和葱须一起蒸煮后给小孩服用。"

八之出

【原文】

山南[1]，以峡州[2]上，峡州生远安、宜都、夷陵三县[3]山谷。襄州[4]、荆州[5]次，襄州生南漳县[6]山谷，荆州生江陵县[7]山谷。衡州[8]下，生衡山、茶陵二县[9]山谷。金州[10]、梁州[11]又下。金州生西城、安康二县[12]山谷。梁州生褒城、金牛二县[13]山谷。

【注释】

①山南：即山南道，贞观十道之一，位置相当于今天的河南省、陕西省南部，四川省东北部，湖北省西部和重庆。治所在襄州襄阳（今湖北襄阳）。开元之后，分为山南东道和山南西道。贞观十道，指唐贞观元年（627）分天下为十道：关内道、河南道、河东道、河北道、山南道、陇右道、淮南道、江南道、剑南道、岭南道。

②峡州：又称硖州，唐天宝、至德年间曾称夷陵郡，治所在夷陵（今湖北宜昌一带）。

③远安、宜都、夷陵三县：远安县，今湖北远安。宜都县，今湖北宜都。夷陵县，在今湖北宜昌一带。

④襄州：唐天宝、至德年间曾称襄阳郡，治所在襄阳（今湖北襄阳）。

⑤荆州：唐天宝、至德年间曾称江陵郡，治所在江陵（今湖北荆州）。

⑥南漳县:今湖北南漳。

⑦江陵县:唐时为荆州治所,今湖北荆州。

⑧衡州:唐天宝、至德年间曾称衡阳郡,治所在衡阳县(今湖南衡阳)。衡州在唐朝前期由江陵都督府统管,故此处归类为山南道。贞观元年(627)裁撤都督府,设置十道,衡州属江南道。开元二十一年(733)分江南道为江南东道、江南西道和黔中道,衡州属江南西道。

⑨衡山、茶陵二县:衡山县,唐贞观元年(627)属江南道潭州。神龙二年(706)改属衡州,在今湖南株洲一带。茶陵,今湖南茶陵。

⑩金州:唐天宝、至德年间曾称安康郡、汉阴郡,治所在西城(今陕西安康)。

⑪梁州:唐天宝、至德年间曾称汉中郡,治所在南郑(今陕西汉中一带)。

⑫西城、安康二县:西城县,唐时为金州治所,今陕西安康。安康县,在今陕西安康一带。

⑬褒城、金牛二县:褒城县,在今陕西汉中一带。金牛县,在今陕西勉县一带。

【译文】

山南道,以峡州所产的茶为上品,峡州的茶生长在远安、宜都、夷陵三个县的山谷中。襄州和荆州产的茶稍次一些,襄州的茶生长在南漳县的山谷,荆州的茶生长在江陵县的山谷。衡州产的茶为下品,生长在衡山、茶陵两个县的山谷中。金州、梁州产的茶更差一些。金州的茶生长在西城、安康两个县的山谷中。梁州的茶生长在褒城、金牛两个县的山谷中。

【原文】

淮南[1],以光州[2]上,生光山县[3]黄头港者,与峡州同。义阳郡[4]、舒州[5]次,生义阳县钟山[6]者与襄州同。舒州生太湖县潜山[7]者与荆州同。寿州[8]下,盛唐县生霍山[9]者与衡山同也。

蕲州[10]、黄州[11]又下。蕲州生黄梅县[12]山谷,黄州生麻城县[13]山谷,并与金州、梁州同也。

【注释】

①淮南:即淮南道,贞观十道之一,位置相当于现在的江苏省中部、安徽省中部、湖北省东北部和河南省东南部。治所在扬州(今江苏扬州)。

②光州:唐天宝、至德年间曾称弋阳郡,治所在光山(今河南光山)。唐太极元年(712)移治定城(今河南潢川)。

③光山县:唐时曾为光州治所,今河南光山。

④义阳郡:唐武德四年(621)改隋义阳郡置申州,唐天宝、至德年间曾称义阳郡,治所在义阳县(今河南信阳)。

⑤舒州:天宝、至德年间曾称同安郡、盛唐郡,治所在怀宁(今安徽潜山)。

⑥义阳县钟山:义阳县,今河南信阳。钟山,在信阳东部。

⑦太湖县潜山:太湖县,今安徽太湖县。潜山,即天柱山,又称皖山,在安徽潜山市西部。

⑧寿州:唐天宝、至德年间曾称淮南郡,治所在寿张县(今山东梁山一带)。

⑨盛唐县生霍山:盛唐县,原霍山县,唐开元二十七年(739)改称盛唐县,今安徽六安。霍山,清顾祖禹《读史方舆纪要》卷二十八:“潜山……县西北二十里,绵亘深远,与六安州霍山县接界,即霍山矣。”

⑩蕲州:唐天宝、至德年间曾称蕲春郡,治所在蕲春(今湖北蕲春一带)。

⑪黄州:唐天宝、至德年间曾称齐安郡,治所在黄冈(今湖北黄冈一带)。

⑫黄梅县:在今湖北黄梅一带。

⑬麻城县:在今湖北麻城一带。

【译文】

淮南道，以光州所产的茶为上品，生长在光山县黄头港的茶，与峡州的茶品质相近。义阳郡和舒州产的茶稍次一些，义阳郡生长在义阳县钟山的茶，与襄州的茶品质相近。舒州生长在太湖县潜山的茶，与荆州的茶品质相近。寿州产的茶为下品，生长在衡阳县霍山的茶，与衡山的茶品质相近。蕲州、黄州产的茶更差一些。蕲州的茶生长在黄梅县的山谷中，黄州的茶生长在麻城县的山谷中，两者与金州、梁州的茶品质相近。

【原文】

浙西①，以湖州②上，湖州，生长城县顾渚山谷③，与峡州、光州同；生山桑、儒师二坞④，白茅山、悬脚岭⑤，与襄州、荆州、义阳郡同；生凤亭山伏翼阁飞云、曲水二寺⑥、啄木岭⑦，与寿州、衡州同；生安吉、武康二县⑧山谷，与金州、梁州同。常州⑨次，常州义兴县⑩生君山悬脚岭⑪北峰下，与荆州、义阳郡同；生圈岭善权寺、石亭山⑫，与舒州同。宣州⑬、杭州⑭、睦州⑮、歙州⑯下，宣州生宣城县雅山⑰，与蕲州同；太平县生上睦、临睦⑱，与黄州同；杭州临安、於潜二县⑲生天目山⑳，与舒州同；钱塘生天竺、灵隐二寺㉑，睦州生桐庐县㉒山谷，歙州生婺源㉓山谷，与衡州同。润州㉔、苏州㉕又下。润州江宁县生傲山㉖，苏州长洲县生洞庭山㉗，与金州、蕲州、梁州同。

【注释】

①浙西：即浙江西道。唐乾元元年（758），分江南东道为浙江西道、浙江东道和福建道。浙江西道治所初在昇州（今江苏南京）。此后辖境及治所多有变迁。

②湖州：唐天宝、至德年间曾称吴兴郡，属江南道，后属江南东道，治所在乌程（今浙江湖州）。

③长城县顾渚山谷:长城县,今浙江长兴。顾渚山,又称顾山,在长兴县西北。

④山桑、儒师二坞:长兴县地名。唐皮日休《茶中杂咏》组诗中有两首提及,《茶籝》:"筤筹晓携去,蓦个山桑坞。"《茶人》:"果任獳师虏。"

⑤白茅山、悬脚岭:均在今浙江长兴西北。

⑥凤亭山伏翼阁飞云、曲水二寺:凤亭山,《钦定大清一统志》卷二百二十二:"凤亭山在长兴县西北,陆羽曰茶生凤亭山伏翼阁者,味与寿州同,即此。"伏翼阁,《明一统志》卷四十:"伏翼涧在长兴县西三十九里,涧中多产伏翼。"或为伏翼阁。飞云寺,在长兴县西二十里的飞云山,南朝宋元徽五年(477)置飞云寺。曲水寺,不详。

⑦啄木岭:在长兴县西北六十里,山多啄木鸟,故名。

⑧安吉、武康二县:安吉县,在今浙江安吉一带。武康县,在今浙江德清一带。

⑨常州:唐天宝、至德年间曾称晋陵郡,属江南道,后属江南东道,治所在晋陵(今江苏常州)。

⑩义兴县:今江苏宜兴。

⑪君山悬脚岭:君山,在宜兴市南二十里,旧名荆南山,在荆溪之南。悬脚岭,位于浙江长兴西北,以其岭脚下垂,故名。

⑫善权寺、石亭山:善权寺,南朝齐建元二年(480)所建,在今江苏宜兴。石亭山,明王世贞《石亭山居记》:"阳羡城南之五里。"阳羡,宜兴古称。

⑬宣州:唐天宝、至德年间曾称宣城郡,属江南道,后属江南西道,治所在宣城(今安徽宣城)。

⑭杭州:唐天宝、至德年间曾称余杭郡,属江南道,后属江南东道,治所在钱塘(今浙江杭州)。

⑮睦州:唐天宝、至德年间曾称新定郡,属江南道,后属江南东道,治所在建德(今浙江建德一带)。

⑯歙州:唐天宝、至德年间曾称新安郡,属江南道,后属江南东道,治

所在歙县(今安徽歙县)。

⑰宣城县雅山:宣城县,今安徽宣城。雅山,又称“鸦山”“丫山”,在今安徽宣城。明王象晋《群芳谱》:“宣城县有丫山……其山东为朝日所烛,号曰阳坡,其茶最胜。”

⑱太平县生上睦、临睦:太平县,今安徽省黄山市黄山区。上睦、临睦,太平县地名。

⑲临安、於潜二县:临安县,今浙江省杭州市临安区。於潜县,在今浙江省杭州市临安区一带。

⑳天目山:在今浙江省杭州市临安区,古称浮玉山。因其有东西两峰,顶上各有一池,长年不枯,故名。

㉑钱塘生天竺、灵隐二寺:钱塘,今浙江杭州。天竺寺有三处,下天竺寺在浙江杭州灵隐山山麓,东晋建寺,隋代扩建,改名天竺寺,清乾隆三十八年(1773)赐名法镜寺。中天竺寺在下天竺寺之南、稽留峰之北,隋代建立,明代改称法净寺。上天竺寺在浙江嵊州天竺山南麓,始建于后晋天福七年(942),清乾隆三十八年(1773)赐名法喜寺。灵隐寺,又名云林寺,在杭州灵隐山,始建于东晋咸和元年(326)。

㉒桐庐县:唐武德四年(621)属严州,后属睦州。今浙江桐庐。

㉓婺源:唐开元二十八年(740)置县,在今江西婺源一带。

㉔润州:唐天宝、至德年间曾称丹阳郡,属江南道,后属江南东道,治所在丹徒(今江苏镇江)。

㉕苏州:唐天宝、至德年间曾称吴郡,江南道治所,后为江南东道治所。

㉖江宁县生傲山:江宁县,唐武德三年(620),更名归化县,属扬州郡。贞观九年(635),改回江宁县,属润州。至德二年(757),以江宁县置江宁郡,江宁县废。乾元元年(758),改江宁郡为升州,复江宁县属升州。上元二年(761),江宁县更名上元县,属润州。傲山,不详。

㉗长洲县生洞庭山:长洲县,唐万岁通天元年(696)析吴县东部分置,二县同为苏州治所。在今江苏苏州一带。洞庭山,在江苏苏州西南,

太湖东南，由东洞庭山与西洞庭山组成，东洞庭山为太湖中一半岛，西洞庭山为太湖一岛。

【译文】

浙西地区，以湖州所产的茶为上品，湖州的茶有生长在长城县顾渚山的山谷中的，这里的茶与峡州、光州的茶品质相近；有生长在山桑、儒师二坞和白茅山、悬脚岭的，这里的茶与襄州、荆州、义阳郡的茶品质相近；有生长在凤亭山伏翼阁、飞云、曲水两座寺庙以及啄木岭的，这里的茶与寿州、衡州的茶品质相近；有生长在安吉、武康两个县的山谷中的，这里的茶与金州、梁州的茶品质相近。常州产的茶稍次一些，常州义兴县的茶有生长在君山悬脚岭北峰下面的，与荆州、义阳郡的茶品质相近；有生长在圈岭善权寺、石亭山的，与舒州的茶品质相近。宣州、杭州、睦州、歙州产的茶为下品，宣州的茶生长在宣城县雅山的，与蕲州的茶品质相近；生长在太平县的上睦、临睦的，与黄州的茶品质相近；杭州的茶生长在临安、於潜两个县境内天目山的，与舒州的茶品质相近；钱塘的茶生长在天竺寺、灵隐寺两座寺庙的，睦州的茶生长在桐庐县山谷中的，歙州的茶生长在婺源山谷中的，这三类茶与衡州的茶品质相近。润州、苏州产的茶更差一些。润州江宁县的茶生长在傲山，苏州长洲县的茶生长在洞庭山，两者与金州、蕲州、梁州的茶品质相近。

【原文】

剑南①，以彭州②上，生九陇县马鞍山至德寺、棚口③，与襄州同。绵州④、蜀州⑤次，绵州龙安县生松岭关⑥，与荆州同；其西昌、昌明、神泉县⑦西山者并佳，有过松岭者不堪采。蜀州青城县生丈人山⑧，与绵州同。青城县有散茶、末茶。邛州⑨次，雅州⑩、泸州⑪下，雅州百丈山、名山⑫，泸州泸川⑬者，与金州同也。眉州⑭、汉州⑮又下。眉州丹棱县生铁山⑯者，汉州绵竹县生竹山⑰者，与润州同。

【注释】

①剑南：即剑南道，贞观十道之一，因位于剑门关以南，故名。辖境

包括今四川省大部，云南省澜沧江、哀牢山以东及贵州省北端、甘肃省文县一带。治所在益州成都府。

②彭州：唐垂拱二年(686)析益州置，天宝、至德年间曾称蒙阳郡，治所在九陇(今四川彭州一带)。

③九陇县马鞍山至德寺、棚口：九陇县，在今四川彭州一带。马鞍山至德寺，马鞍山可能为丹景山，在四川彭州丹景山镇(古九陇)，至德寺位于丹景山南的三昧水古迹。棚口，又称堋口，唐代产茶名地。五代毛文锡《茶谱》："彭州有蒲村、堋口、灌口，其园名仙崖、石花等，其茶饼小而布嫩芽，如六出花者尤妙。"

④绵州：唐天宝、至德年间曾称巴西郡，治所在巴西(今四川绵阳一带)。

⑤蜀州：唐垂拱二年(686)析益州置，天宝、至德年间曾称唐安郡，治所在晋原(今四川崇州)。

⑥龙安县生松岭关：龙安县，在今四川省绵阳市安州区一带。松岭关，唐杜佑《通典》卷一百七十六："龙安，松岭关在县西北百七十里。"

⑦西昌、昌明、神泉县：西昌县，北宋熙宁五年(1072)，并入龙安县。在今四川省绵阳市安州区一带。昌明县，原昌隆县，唐先天元年(712)因避唐玄宗讳改为昌明县。在今四川江油市一带。神泉县，在今四川省绵阳市安州区一带。

⑧青城县生丈人山：青城县，唐开元十八年(730)改清城县置。在今四川都江堰一带。丈人山，青城山主峰，又称丈人峰，位于四川都江堰市西南。

⑨邛州：唐天宝、至德年间曾称临邛郡，治所在仪政(今四川邛崃一带)，显庆二年(657)迁至临邛(今四川邛崃)。

⑩雅州：唐天宝、至德年间曾称卢山郡，治所在严道(今四川雅安)。

⑪泸州：治所在泸川(今四川泸州)。

⑫百丈山、名山：百丈山，位于名山县(在今四川雅安)东北。名山，又称蒙山，即蒙顶山，位于四川省雅安市雨城区和名山区之间。

⑬泸川:原江阳县,隋大业初改称泸川县。唐代为泸州州治。今四川泸州。

⑭眉州:唐天宝、至德年间曾称通义郡,治所在通义(今四川眉山)。

⑮汉州:唐垂拱二年(686)析益州置,天宝、至德年间曾称德阳郡,治所在雒县(今四川广汉)。

⑯丹棱县生铁山:丹棱县,今四川丹棱。铁山,可能为铁桶山,在丹棱县东南四十里。

⑰绵竹县生竹山:绵竹县,唐初属益州,唐垂拱二年(686)改属汉州。今四川绵竹。竹山,可能为紫岩山,又称绵竹山,在四川绵竹市北。

【译文】

剑南道,以彭州所产的茶为上品,彭州的茶生长在九陇县马鞍山的至德寺和棚口,与襄州的茶品质相近。绵州和蜀州产的茶稍次一些,绵州龙安县的茶生长在松岭关,与荆州的茶品质相近;生长在西昌县、昌明县和神泉县西山的茶都是好茶,但过了松岭之后的茶,就没有采摘的价值了。蜀州青城县的茶生长在丈人山,与绵州的茶品质相近。青城县还有散茶和末茶。邛州产的茶更次一些,雅州和泸州产的茶为下品,雅州百丈山和名山上生长的茶,以及泸州泸川生长的茶,与金州的茶品质相近。眉州、汉州产的茶更差一些。眉州丹棱县生长在铁山上的茶,以及汉州绵竹县生长在竹山上的茶,与润州的茶品质相近。

【原文】

浙东[①],以越州[②]上,余姚县生瀑布泉岭曰仙茗,大者殊异,小者与襄州同。明州[③]、婺州[④]次,明州鄮县生榆荚村[⑤],婺州东阳县东白山[⑥]与荆州同。台州[⑦]下。台州始丰县生赤城[⑧]者,与歙州同。

【注释】

①浙东:即浙江东道。唐乾元元年(758),分江南东道为浙江西道、

浙江东道和福建道，浙江东道位置相当于今浙江省衢江流域、浦阳江流域以东，治所在越州（今浙江绍兴）。此后辖境多有变迁。

②越州：唐天宝、至德年间曾称会稽郡，属江南道，后属江南东道，治所在山阴（在今浙江绍兴）。

③明州：唐开元二十六年（738）析越州鄮县置，天宝、至德年间曾称余姚郡，属江南东道，治所在鄮县（今浙江宁波鄞州区一带）。

④婺州：唐天宝、至德年间曾称东阳郡，属江南道，后属江南东道，治所在金华（今浙江金华）。

⑤鄮县生榆荚村：鄮县，唐初属越州，开元二十六年（738）改属明州，为明州州治。大历六年（771）迁至三江口（今浙江宁波）。榆荚村，不详。

⑥东阳县东白山：东阳县，唐垂拱二年（686）析义乌县置，今浙江东阳。东白山，《钦定大清一统志》卷二百三十一："在东阳县东北八十里。"

⑦台州：唐武德五年（622）改海州置，天宝、至德年间曾称临海郡，属江南道，后属江南东道，治所在临海（今浙江临海）。

⑧始丰县生赤城：始丰县，唐上元二年（675）改为唐兴县，在今浙江天台一带。赤城，赤城山，在浙江天台西北，因山上赤石屏列如城，望之如霞，故名。

【译文】

浙东地区，以越州所产的茶为上品，生长在余姚县瀑布泉岭的茶被称为仙茶，大叶的茶很特殊，小叶的茶与襄州的茶品质相近。明州和婺州产的茶稍次一些，明州鄮县的茶生长在榆荚村，婺州的茶生长在东阳县东白山，两者与荆州的茶品质相近。台州产的茶为下品。台州始丰县生长在赤城的茶，与歙州的茶品质相近。

【原文】

黔中[①]：生思州[②]、播州[③]、费州[④]、夷州[⑤]。

江南[6]:生鄂州[7]、袁州[8]、吉州[9]。

岭南[10]:生福州[11]、建州[12]、韶州[13]、象州[14]。福州生闽县方山[15]之阴也。

其思、播、费、夷、鄂、袁、吉、福、建、韶、象十一州未详,往往得之,其味极佳。

【注释】

①黔中:即黔中道。唐玄宗开元二十一年(733),分江南道为江南东道、江南西道和黔中道。黔中道位置相当于今四川东南部、贵州东北部、重庆、湖北、湖南小部地区。治所在黔州(今重庆彭水一带)。

②思州:唐贞观四年(630)改务州置,天宝、至德年间曾称夷陵郡,治所在务川(今贵州沿河一带)。

③播州:唐贞观十三年(639)置,天宝、至德年间曾称播川郡,治所在恭水(后改名遵义县,今贵州遵义一带)。

④费州:唐贞观四年(630)分思州置,天宝、至德年间曾称涪川郡,治所在涪川(今贵州思南)。

⑤夷州:唐武德四年(621)置,贞观元年(627)废,贞观四年(630)复置。天宝、至德年间曾称义泉郡,治所在绥阳(今贵州凤冈)。

⑥江南:即江南道,贞观十道之一。辖境包含今浙江、福建、江西、湖南及江苏、安徽、湖北长江以南、四川东南部、贵州东北部地区。治所在苏州。唐开元二十一年(733),分江南道为江南东道、江南西道和黔中道,江南东道治所在苏州,江南西道治所在洪州(今江西南昌),黔中道治所在黔州。

⑦鄂州:唐天宝、至德年间曾称江夏郡,属江南道,后属江南西道,治所在江夏(今湖北省武汉市武昌区)。

⑧袁州:唐天宝、至德年间曾称宜春郡,属江南道,后属江南西道,治所在宜春(今江西宜春)。

⑨吉州:唐天宝、至德年间曾称庐陵郡,属岭南道,后属江南西道,治

所在庐陵(今江西吉安一带)。

⑩岭南:即岭南道,贞观十道之一。辖境包含今福建、广东全部、广西大部、云南东南部、越南北部地区。治所在广州(今广东广州)。

⑪福州:唐开元十三年(725)改闽州置,天宝、至德年间曾称长乐郡,属岭南道,后属江南东道,治所在闽县(今福建福州)。

⑫建州:天宝、至德年间曾称建安郡,属岭南道,后属江南东道,治所在建安(今福建建瓯)。

⑬韶州:唐贞观元年(627)改东衡州(原番州)置,天宝、至德年间曾称始兴郡,属岭南道,治所在曲江(今广东韶关一带)。

⑭象州:天宝、至德年间曾称象山郡,属岭南道,唐武德四年(621)治所为阳寿(今广西象州),贞观十三年(639)移治武化(在今广西象州一带)。大历十一年(776)移治阳寿县。

⑮闽县方山:闽县,先后为泉州、闽州、福州治所,今福建福州。方山,在福州长乐区一带。

【译文】

黔中道:茶出产于思州、播州、费州、夷州。

江南道:茶出产于鄂州、袁州、吉州。

岭南道:茶出产于福州、建州、韶州、象州。福州的茶生长在闽县方山的北面。

有关思州、播州、费州、夷州、鄂州、袁州、吉州、福州、建州、韶州、象州这十一个州的产茶地和茶的品质,并不清楚,但经常得到产自这些地区的茶,茶的味道非常好。

九之略

【原文】

其造具，若方春禁火[1]之时，于野寺山园，丛手而掇[2]，乃蒸，乃舂，乃拍，以火干之，则又棨、扑、焙、贯、棚、穿、育等七事皆废。

其煮器，若松间石上可坐，则具列废。用槁薪、鼎鑩之属，则风炉、灰承、炭杖、火筴、交床等废。若瞰泉临涧，则水方、涤方、漉水囊废。若五人已下，茶可末而精者，则罗废。若援藟跻岩[3]，引絙入洞[4]，于山口炙而末之，或纸包合贮，则碾、拂末等废。既瓢、碗、筴、札、熟盂、鹾簋悉以一筥盛之，则都篮废。

但城邑之中，王公之门，二十四器阙一，则茶废矣。

【注释】

①禁火：即寒食节，在清明节前一二日，禁烟火，只吃冷食。

②丛手而掇：众人聚集在一起用手采摘。丛，聚集。

③援藟跻岩：攀援藤蔓、登上山岩。藟，藤蔓。跻，登上。

④引絙入洞：拉着绳索进入山洞。絙，同“縆”，粗绳索。

【译文】

有关茶的制造工具，如果正逢初春寒食节禁烟火的时候，在野外寺庙、山间田园里，众人聚集在一起采摘茶叶，然后蒸熟、捣碎，再用火烘干，那么就可以不使用棨、扑、焙、贯、棚、穿、育这七个制茶工具了。

有关煮茶的器具，如果松林间的石头上可以放置茶具，那么就可以不使用具列了。如果使用的是干枯的柴薪这类材料和鼎鑑这类器具，那么就可以不使用风炉、灰承、炭楇、火筴、交床等器具了。如果煮茶地靠近泉水和山涧，那么就可以不使用水方、涤方、漉水囊了。如果饮茶的人在五个以下，而且茶能够研磨得很精细，那么就可以不使用罗筛了。如果要攀援藤蔓、登上山岩，或者是拉着绳索进入山洞，那么就先在山口烘茶并研磨成茶末，或者茶末已经被纸包好、被盒子装好，那么就可以不使用碾和拂末等器具了。上述器具既然已经省略，可将瓢、碗、筴、札、熟盂、鹾簋都用一个竹筥盛放，那么就可以不使用都篮了。

但是如果在城市里，或者在王公贵族的家里，二十四样茶器少了任何一样，那么饮茶的意境就没有了。

十之图

【原文】

以绢素或四幅或六幅，分布写之[①]，陈诸座隅，则茶之源、之具、之造、之器、之煮、之饮、之事、之出、之略目击而存，于是《茶经》之始终备焉。

【注释】

①以绢素或四幅或六幅，分布写之：此处《十之图》中的“图”非为图画，是说将前九章的内容记在绢素上，张贴成图。

【译文】

选用四幅或六幅白绢，将《茶经》的内容写在上面，然后陈设在各个座位一旁，那么茶的起源、制造工具、制作步骤、饮茶工具、煮茶方法、饮茶技巧、史事、产茶地区以及简略程序这些内容，就可以随时看到，并记存下来，那么《茶经》从始至终的所有内容就都能齐备了。

《茶经》书影

茶經卷上

竟陵陸　羽　撰

一之源　二之具　三之造

一之源

茶者南方之嘉木也一尺二尺迺至數十尺其巴山峽川有兩人合抱者伐而掇之其樹如瓜蘆葉如梔子花如白薔薇實如栟櫚葉如丁香根如胡桃瓜蘆木出廣州似茶至苦澁栟櫚蒲葵之屬其子似茶胡桃與茶根皆下孕兆至瓦礫苗木上抽其字或從草或從木或草木并從草當作茶其字出開元文字音義從木當作㮧其字出本草草木并作茶其字出爾雅其名一曰茶二曰檟三曰蔎四曰茗五曰荈周公云檟苦茶楊執戟云蜀西南人謂茶曰蔎郭弘農云早取爲茶晚取爲茗或一曰荈耳其地上者生爛石中者生櫟壤下者生黄土凡藝

而不實植而罕茂法如種瓜三歲可採野者上園者次陽崖陰林紫者上緑者次笋者上牙者次葉卷上葉舒次陰山坡谷者不堪採掇性凝滯結瘕疾茶之爲用味至寒爲飲㝡宜精行儉德之人若熱渴凝悶腦疼目澁四支煩百節不舒聊四五啜與醍醐甘露抗衡也採不時造不精雜以卉莽飲之成疾茶爲累也亦猶人參上者生上黨中者生百濟新羅下者生高麗有生澤州易州幽州檀州者爲藥無効况非此者設服薺苨使六疾不瘳知人參爲累則茶累盡矣

二之具

籝（加追反）一曰籃一曰籠一曰筥以竹織之受五升或一斗二斗三斗者茶人負以採茶也（籝漢書音盈所謂黃金滿籝不

如一經顏師古云䈻䉵竹器也受四升耳

竈無用突者釜用脣口者

甑或木或瓦匪腰而泥籃以箄之篾以系之始其蒸也入乎箄既其熟也出乎箄釜涸注於甑中甑不帶而泥之又以穀木枝三亞者制之散所蒸牙笋并葉畏流其膏

杵臼一曰碓惟恒用者佳

規一曰模一曰棬以鐵制之或圓或方或花

承一曰臺一曰砧以石爲之不然以槐桑木半埋地中遣無所搖動

襜一曰衣以油絹或雨衫單服敗者爲之以襜置承上又以規置襜上以造茶也茶成舉而易之

芘莉（音把离）一曰羸子一曰篣筤以二小竹長三赤軀二赤五寸柄五寸以蔑織方眼如圃人土羅闊二赤以列茶也

棨一曰錐刀柄以堅木爲之用穿茶也

撲一曰鞭以竹爲之穿茶以解茶也

焙鑿地深二尺闊二尺五寸長一丈上作短墻高二尺泥之

貫削竹爲之長二尺五寸以貫茶焙之

棚一曰棧以木構於焙上編木兩層高一尺以焙茶也茶之半乾昇下棚全乾昇上棚

穿（音釧）江東淮南剖竹爲之巴川峽山紉穀皮爲之江東以一斤爲上穿半斤爲中穿四兩五兩爲小穿峽

中以一百二十斤爲上八十斤爲中穿五十斤爲小穿字舊作釵釧之釧字或作貫串今則不然如磨扇彈鑽縫五字文以平聲書之義以去聲呼之其字以穿名之

育以木制之以竹編之以紙糊之中有隔上有覆下有床傍有門掩一扇中置一器貯煻煨火令煴煴然江南梅雨時焚之以火育者以其藏養爲名

三之造

凡採茶在二月三月四月之間茶之筍者生爛石沃土長四五寸若薇蕨始抽淩露採焉茶之牙者發於藂薄之上有三枝四枝五枝者選其中枝穎拔者採焉其日有雨不採晴有雲不採晴採之蒸之擣之拍

之焙之穿之封之茶之乾矣茶有千萬狀鹵莽而言如胡人韡者蹙縮然京錐文也犎牛臆者廉襜然浮雲出山者輪囷然輕飈拂水者涵澹然有如陶家之子羅膏土以水澄泚之謂澄泥也又如新治地者遇暴雨流潦之所經此皆茶之精腴有如竹籜者枝幹堅實艱於蒸擣故其形籭簁然上離下師有如霜荷者至葉凋沮易其狀貌故厥狀委萃然此皆茶之瘠老者也自採至于封七經目自胡靴至于霜荷八等或以光黑平正言嘉者斯鑒之下也以皺黃坳垤言佳者鑒之次也若皆言嘉及皆言不嘉者鑒之上也何者出膏者光含膏者皺宿製者則黑日成者則黄蒸壓則平正縱之則坳垤此茶與草木葉一也茶之否臧存於口訣

茶經卷上

茶經卷中

竟陵陸　羽　撰

四之器

風爐灰承　筥　炭檛　鍑

交床　夾　紙囊　碾拂末

羅合　則　水方　漉水囊

瓢　竹筴　鹺簋揭　熟盂

盌　畚　札　滌方

巾　具列　都籃

風爐灰承

風爐以銅鐵鑄之如古鼎形厚三分緣闊九分令六分虛中致其杇墁凡三足古文書二十一

字一足云坎上巽下离于中一足云體均五行去百疾一足云聖唐滅胡明年鑄其三足之間設三窗底一窗以爲通飈漏燼之所上並古文書六字一窗之上書伊公二字一窗之上書羮陸二字一窗之上書氏茶二字所謂伊公羮陸氏茶也置墆埭於其内設三格其一格有翟焉翟者火禽也畫一卦曰离其一格有彪焉彪者風獸也畫一卦曰巽其一格有魚焉魚者水蟲也畫一卦曰坎巽主風离主火坎主水風能興火火能熟水故備其三卦焉其飾以連葩垂蔓曲水方文之類其爐或鍛鐵爲之或運泥爲之其灰承作三足鐵柈檯之

筥

筥以竹織之高一尺二寸徑闊七寸或用藤作木楦如筥形織之六出固眼其底蓋若利篋口鑠之

炭檛

炭檛以鐵六稜制之長一尺銳一豐中執細頭系一小鑲以飾檛也若今之河隴軍人木吾也或作鎚或作斧隨其便也

火筴

火筴一名筯若常用者圓直一尺三寸頂平截無葱臺勾鏁之屬以鐵或熟銅製之

鍑音輔或作釜或作鬴

鍑以生鐵爲之今人有業冶者所謂急鐵其鐵以耕刀之趄鍊而鑄之内摸土而外摸沙土滑於内易其摩滌沙澁於外吸其炎焰方其耳以正令也廣其緣以務遠也長其臍以守中也臍長則沸中沸中則末易揚末易揚則其味淳也洪州以瓷爲之萊州以石爲之瓷與石皆雅器也性非堅實難可持久用銀爲之至潔但涉於侈麗雅則雅矣潔亦潔矣若用之恒而卒歸於銀也

交床

交床以十字交之剜中令虚以支鍑也

夾

夾以小青竹爲之長一尺二寸令一寸有節節已上剖之以炙茶也彼竹之篠津潤于火假其香潔以益茶味恐非林谷間莫之致或用精鐵熟銅之類取其久也

紙囊

紙囊以剡藤紙白厚者夾縫之以貯所炙茶使不泄其香也

碾 拂末

碾以橘木爲之次以梨桑桐柘爲臼内圓而外方内圓備於運行也外方制其傾危也内容墮而外無餘木墮形如車輪不輻而軸焉長九寸闊一寸七分墮徑三寸八分中厚一寸邊厚半

寸軸中方而執圓其拂末以鳥羽製之

羅合

羅末以合蓋貯之以則置合中用巨竹剖而屈之以紗絹衣之其合以竹節爲之或屈杉以漆之高三寸蓋一寸底二寸口徑四寸

則

則以海貝蠣蛤之屬或以銅鐵竹匕策之類則者量也准也度也凡煑水一升用末方寸匕若好薄者減之嗜濃者增之故云則也

水方

水方以椆木槐楸梓等合之其裏并外縫漆之受一斗

漉水囊

漉水囊若常用者其格以生銅鑄之以備水濕無有苔穢腥澁意以熟銅苔穢鐵腥澁也林栖谷隱者或用之竹木木與竹非持久涉遠之具故用之生銅其囊織青竹以捲之裁碧縑以縫之紐翠鈿以綴之又作綠油囊以貯之圓徑五寸柄一寸五分

瓢

瓢一曰犧杓剖瓠爲之或刊木爲之晉舍人杜毓荈賦云酌之以匏匏瓢也口闊脛薄柄短永嘉中餘姚人虞洪入瀑布山採茗遇一道士云吾丹丘子祈子他日甌犧之餘乞相遺也犧木

杓也今常用以梨木爲之

竹筴

竹筴或以桃柳蒲葵木爲之或以柿心木爲之長一尺銀裹兩頭

鹺簋 揭

鹺簋以瓷爲之圓徑四寸若合形或瓶或罍貯鹽花也其揭竹制長四寸一分闊九分揭策也

熟盂

熟盂以貯熟水或瓷或沙受二升

盌

盌越州上鼎州次婺州次岳州次壽州洪州次或者以邢州處越州上殊爲不然若邢瓷類銀

越瓷類玉邢不如越一也若邢瓷類雪則越瓷類氷邢不如越二也邢瓷白而茶色丹越瓷青而茶色緑邢不如越三也晉杜毓荈賦所謂器擇陶揀出自東甌甌越也甌越州上口脣不卷底卷而淺受半升已下越州瓷岳瓷皆青青則益茶茶作白紅之色邢州瓷白茶色紅壽州瓷黄茶色紫洪州瓷褐茶色黑悉不宜茶

畚

畚以白蒲捲而編之可貯盌十枚或用筥其紙帊以剡紙夾縫令方亦十之也

札

札緝栟櫚皮以茱萸木夾而縛之或截竹束而

管之若巨筆形

滌方

滌方以貯滌洗之餘用楸木合之制如水方受八升

滓方

滓方以集諸滓製如滌方處五升

巾

巾以絁布爲之長二尺作二枚玄用之以潔諸器

具列

具列或作床或作架或純木純竹而製之或木法竹黃黑可扃而漆者長三尺闊二尺高六寸

其到者悉斂諸器物悉以陳列也

都籃

都籃以悉設諸器而名之以竹篾内作三角方眼外以雙篾闊者經之以單篾纖者縛之遞壓雙經作方眼使玲瓏高一尺五寸底闊一尺高二寸長二尺四寸闊二尺

茶經卷中

茶經卷下

竟陵陸　羽　撰

五之煮　六之飲　七之事

八之出　九之略　十之圖

五之煮

凡炙茶慎勿於風燼間炙熛焰如鑽使炎涼不均持以逼火屢其飜正候炮普教反出培塿狀蝦蟇背然後去火五寸卷而舒則本其始又炙之若火乾者以氣熟止日乾者以柔止其始若茶之至嫩者茶罷熱搗葉爛而牙笋存焉假以力者持千鈞杵亦不之爛如漆科珠壯士接之不能駐其指及就則似無穰骨也炙之則其節若倪倪如嬰兒之臂耳既而承熱用紙

囊貯之精華之氣無所散越候寒末之（末之上者其屑如細米末之下者其屑如菱角）其火用炭次用勁薪（謂桑槐桐櫪之類也）其炭曾經燔炙爲膻膩所及及膏木敗器不用之（膏木爲柏桂檜也敗器謂杇廢器也）古人有勞薪之味信哉其水用山水上江水中井水下（荈賦所謂水則岷方之注挹彼清流）其山水揀乳泉石地慢流者上其瀑湧湍漱勿食之久食令人有頸疾又多別流於山谷者澄浸不洩自火天至霜郊以前或潛龍蓄毒於其間飲者可決之以流其惡使新泉涓涓然酌之其江水取去人遠者井取汲多者其沸如魚目微有聲爲一沸緣邊如湧泉連珠爲二沸騰波鼓浪爲三沸已上水老不可食也初沸則水合量調之以鹽味謂弃其啜餘（啜嘗也市稅反又市悅反）無迺䴚鹽而鍾其一

味乎上古暫反下吐濫反無味也第二沸出水一瓢以竹筴環激湯心則量末當中心而下有頃勢若奔濤濺沫以所出水止之而育其華也凡酌置諸盌令沫餑均字書并本草餑均茗沫也蒲笏反沫餑湯之華也華之薄者曰沫厚者曰餑細輕者曰花如棗花漂漂然於環池之上又如迴潭曲渚青萍之始生又如晴天爽朗有浮雲鱗然其沫者若綠錢浮於水渭又如菊英墮於鐏俎之中餑者以滓煮之及沸則重華累沫皤皤然若積雪耳荈賦所謂煥如積雪燁若春藪有之第一煮水沸而棄其沫之上有水膜如黑雲母飲之則其味不正其第一者爲雋永徐縣全縣二反至美者曰雋永雋味也永長也史長曰雋永漢書蒯通著雋永二十篇也或留熟以貯之以備育華救沸之用諸第一與

第二第三盌次之第四第五盌外非渴甚莫之飲凡煑水一升酌分五盌盌數少至三多至五若人多至十加兩爐乘熱連飲之以重濁凝其下精英浮其上如冷則精英隨氣而竭飲啜不消亦然矣茶性儉不宜廣則其味黯澹且如一滿盌啜半而味寡況其廣乎其色緗也其馨㪍也香至美曰㪍㪍音使其味甘檟也不甘而苦荈也啜苦咽甘茶也一本云其味苦而不甘檟也甘而不苦荈也

六之飲

翼而飛毛而走去而言此三者俱生於天地間飲啄以活飲之時義遠矣哉至若救渴飲之以漿蠲憂忿飲之以酒蕩昏寐飲之以茶茶之爲飲發乎神農氏聞於魯周公齊有晏嬰漢有楊雄司馬相如吳有韋

曜晉有劉琨張載遠祖納謝安左思之徒皆飲焉滂時浸俗盛於國朝兩都并荆俞間以爲比屋之飲飲有觕茶散茶末茶餅茶者乃斫乃熬乃煬乃舂貯於瓶缶之中以湯沃焉謂之痷茶或用葱薑棗橘皮茱萸薄荷之等煑之百沸或揚令滑或煑去沫斯溝渠間棄水耳而習俗不已於戲天育萬物皆有至妙人之所工但獵淺易所庇者屋屋精極所著者衣衣精極所飽者飲食食與酒皆精極之茶有九難一曰造二曰別三曰器四曰火五曰水六曰炙七曰末八曰煑九曰飲陰採夜焙非造也嚼味嗅香非別也羶鼎腥甌非器也膏薪庖炭非火也飛湍壅潦非水也外熟内生非炙也碧粉縹塵非末也操艱攪遽非煑也

夏興冬廢非飲也夫珍鮮馥烈者其盌數三次之者盌數五若坐客數至五行三盌至七行五盌若六人巳下不約盌數但闕一人而巳其雋永補所闕人

七之事

王皇炎帝神農氏周魯周公旦齊相晏嬰漢仙人丹丘子黃山君司馬文園令相如楊執戟雄吳歸命侯韋太傅弘嗣晉惠帝劉司空琨琨兄子兗州刺史演張黃門孟陽傅司隸咸江洗馬充孫參軍楚左記室太沖陸吳興納納兄子會稽內史俶謝冠軍安石郭弘農璞桓揚州溫杜舍人毓武康小山寺釋法瑤沛國夏侯愷餘姚虞洪北地傅巽丹陽弘君舉安任育宣城秦精燉煌單道開剡縣陳務妻廣陵老姥河內

山謙之後魏瑯琊王肅宋新安王子鸞鸞弟豫章王
子尚鮑昭妹令暉八公山沙門譚濟齊世祖武帝梁
劉廷尉陶先生弘景皇朝徐英公勣

神農食經茶茗久服令人有力悅志

周公爾雅檟苦荼廣雅云荊巴間採葉作餅葉老者
餅成以米膏出之欲煮茗飲先炙令赤色擣末置瓷
器中以湯澆覆之用葱薑橘子芼之其飲醒酒令人
不眠

晏子春秋嬰相齊景公時食脫粟之飯炙三弋五卵
茗菜而已

司馬相如凡將篇烏喙桔梗芫華款冬貝母木蘗蔞
芩草芍藥桂漏蘆蜚廉雚菌荈詫白斂白芷菖蒲芒

消莌椒茱萸

方言蜀西南人謂茶曰葭

吳志韋曜傳孫皓每饗宴坐席無不率以七勝爲限雖不盡入口皆澆灌取盡曜飲酒不過二升皓初禮異密賜茶荈以代酒

晉中興書陸納爲吳興太守時衛將軍謝安常欲詣納晉書云納爲吏部尚書納兄子俶恠納無所備不敢問之乃私蓄十數人饌安既至所設唯茶果而已俶遂陳盛饌珍羞必具及安去納杖俶四十云汝既不能光益叔父柰何穢吾素業

晉書桓温爲揚州牧性儉每讌飲唯下七奠拌茶果而已

搜神記夏侯愷因疾死宗人字苟奴察見鬼神見愷來收馬并病其妻著平上幘單衣入坐生時西壁大床就人覓茶飲

劉琨與兄子南兖州刺史演書云前得安州乾薑一斤桂一斤黄芩一斤皆所須也吾體中潰悶常仰眞茶汝可置之

傅咸司隷教曰聞南方有以困蜀嫗作茶粥賣爲簾事打破其器具　又賣餅於市而禁茶粥以蜀姥何哉

神異記餘姚人虞洪入山採茗遇一道士牽三青牛引洪至瀑布山曰予丹丘子也聞子善具飲常思見惠山中有大茗可以相給祈子他日有甌犧之餘乞

相遺也因立奠祀後常令家人入山獲大茗焉

左思嬌女詩吾家有嬌女皎皎頗白皙小字爲紈素口齒自清歷有姊字惠芳眉目粲如畫馳鶩翔園林果下皆生摘貪華風雨中倏忽數百適心爲茶荈劇吹噓對鼎鑩

張孟陽登成都樓詩云借問揚子舍想見長卿廬程卓累千金驕侈擬五侯門有連騎客翠帶腰吳鉤鼎食隨時進百和妙且殊披林採秋橘臨江釣春魚黑子過龍醢果饌踰蟹蝑芳茶冠六情溢味播九區人生苟安樂茲土聊可娛

傳巽七誨蒲桃宛柰齊柿燕栗峘陽黃梨巫山朱橘南中茶子西極石蜜

弘君舉食檄寒温既畢應下霜華之茗三爵而終應下諸蔗木瓜元李楊梅五味橄欖懸豹葵羹各一杯

孫楚歌茱萸出芳樹顛鯉魚出洛水泉白鹽出河東美豉出魯淵薑桂茶荈出巴蜀椒橘木蘭出高山蓼蘇出溝渠精稗出中田

華佗食論苦茶久食益意思

壺居士食忌苦茶久食羽化與韭同食令人體重郭璞爾雅注云樹小似梔子冬生葉可煑羹飲今呼早取爲茶晚取爲茗或一曰荈蜀人名之苦茶

世說任瞻字育長少時有令名自過江失志既下飲問人云此爲茶爲茗覺人有怪色乃自分明云向問飲爲熱爲冷

續搜神記晉武帝宣城人秦精常入武昌山採茗遇一毛人長丈餘引精至山下示以蘗茗而去俄而復還乃探懷中橘以遺精精怖負茗而歸

晉四王起事惠帝蒙塵還洛陽黄門以瓦盂盛茶上至尊

異苑剡縣陳務妻少與二子寡居好飲茶茗以宅中有古塚每飲輒先祀之二子患之曰古塚何知徒以勞意欲掘去之母苦禁而止其夜夢一人云吾止此塚三百餘年卿二子恒欲見毀賴相保護又享吾佳茗雖潛壤朽骨豈忘翳桑之報及曉於庭中獲錢十萬似久埋者但貫新耳母告二子慙之從是禱饋愈甚

廣陵耆老傳晉元帝時有老姥每旦獨提一器茗往
市鬻之市人競買自旦至夕其器不減所得錢散路
傍孤貧乞人人或異之州法曹縶之獄中至夜老姥
執所鬻茗器從獄牖中飛出
藝術傳燉煌人單道開不畏寒暑常服小石子所服
藥有松桂蜜之氣所餘茶蘇而已釋道該說續名僧
傳宋釋法瑶姓楊氏河東人永嘉中過江遇沈臺眞
請眞君武康小山寺年垂懸車飯所飲茶永明中勑
吳興禮致上京年七十九
宋江氏家傳江統字應遷愍懷太子洗馬常上疏諫
云今西園賣醯麪藍子菜茶之屬虧敗國體
宋録新安王子鸞豫章王子尚詣曇濟道人於八公

山道人設茶茗子尚味之曰此甘露也何言茶茗
王微雜詩寂寂掩高閣寥寥空廣廈待君竟不歸收
領今就檟
鮑昭妹令暉著香茗賦
南齊世祖武皇帝遺詔我靈座上慎勿以牲爲祭但
設餅果茶飲乾飯酒脯而已
梁劉孝綽謝晉安王餉米等啓傳詔李孟孫宣教旨
垂賜米酒瓜筍葅脯酢茗八種氣苾新城味芳雲松
江潭抽節邁昌荇之珍壃埸擢翹越葺精之美羞非
純束野麏裛似雪之驢鮓異陶瓶河鯉操如瓊之粲
茗同食粲酢類望楫免千里宿舂省三月種聚小人
懷惠大懿難忘陶弘景雜録苦茶輕換膏昔丹丘子

青山君服之

後魏録瑯琊王肅仕南朝好茗飲蓴羹及還北地又好羊肉酪漿人或問之茗何如酪肅曰茗不堪與酪為奴

桐君録西陽武昌廬江昔陵好茗皆東人作清茗茗有餑飲之宜人凡可飲之物皆多取其葉天門冬拔揳取根皆益人又巴東別有眞茗茶煎飲令人不眠俗中多煑檀葉并大皁李作茶並冷又南方有瓜蘆木亦似茗至苦澁取為屑茶飲亦可通夜不眠煑鹽人但資此飲而交廣最重客來先設乃加以香芼輩

坤元録辰州溆浦縣西北三百五十里無射山云蠻俗當吉慶之時親族集會歌舞於山上山多茶樹

括地圖臨遂縣東一百四十里有荼溪
山謙之吴興記烏程縣西二十里有温山出御荈
夷陵圖經黄牛荆門女觀望州等山茶茗出焉
永嘉圖經永嘉縣東三百里有白茶山
淮陰圖經山陽縣南二十里有茶坡
茶陵圖經云茶陵者所謂陵谷生茶茗焉本草木部
茗苦茶味甘苦微寒無毒主瘻瘡利小便去痰渴熱
令人少睡秋採之苦主下氣消食注云春採之
本草菜部苦茶一名荼一名選一名游冬生益州川
谷山陵道傍凌冬不死三月三日採乾注云疑此即
是今茶一名茶令人不眠本草注按詩云誰謂荼苦
又云堇荼如飴皆苦菜也陶謂之苦茶木類非菜流

茗春採謂之苦搽途遐反

枕中方療積年瘻苦茶蜈蚣並炙令香熟等分搗篩煮甘草湯洗以末傅之

孺子方療小兒無故驚蹶以苦茶葱鬚煮服之

八之出

山南以峽州上峽州生遠安宜都夷陵三縣山谷襄州荊州次襄州生南鄭縣山谷荊州生江陵縣山谷衡州下生衡山茶陵二縣山谷金州梁州又下金州生西城安康二縣山谷梁州生褒城金牛二縣山谷

淮南以光州上生光山縣黃頭港者與峽州同義陽郡舒州次生義陽縣鍾山者與襄州同舒州生太湖縣潛山者與荊州同壽州下盛唐縣生霍山者與衡山同也蘄州黃州又下蘄州生黃梅縣山谷黃州生麻城縣山谷並與荊州梁州同也

浙西以湖州上湖州生長城縣顧渚上中與峽州光州同生山桑儒師二□白茅山懸腳嶺與襄州荊南

義陽郡同生鳳亭山伏翼閣飛雲曲水二寺啄木嶺與壽州常州同生安吉武康二縣山谷與金州梁州同

常州次常州義興縣生君山懸腳嶺北峯下與荊州義陽郡同生圈嶺善權寺石亭山與舒州同

宣州杭州睦州歙州下宣州生宣城縣雅山與蘄州同太平縣生上睦臨睦與黃州同杭州臨安於潛二縣生天目山與舒州同錢塘生天竺靈隱二寺睦州生桐廬縣山谷歙州生婺源山谷與衡州同

潤州蘇州又下潤州江寧縣生傲山蘇州長洲縣生洞庭山與金州蘄州梁州同

劍南以彭州上生九隴縣馬鞍山至德寺棚口與襄州同

綿州蜀州次綿州龍安縣生松嶺關與荊州同其西昌昌明神泉縣西山者並佳有過松嶺者不堪採蜀州青城縣生丈人山與綿州同青城縣有散茶木茶

邛州次雅州瀘州下雅州百丈山名山瀘州瀘川者與金州同也

眉州漢州又下眉州丹校縣生鐵山者漢州綿竹縣生竹山者與潤州同

浙東以越州上餘姚縣生瀑布泉嶺曰仙茗大者殊異小者與襄州同

明州婺州次明州貿縣生榆筴村婺州東陽縣東自山與荊州同

台州下始山豐縣生赤城者與歙州同

黔中生恩州播州費州夷州江南生鄂

州袁州吉州嶺南生福州建州韶州象州福州生閩方山之陰縣也其恩播費夷鄂袁吉福建泉韶象十一州未詳往往得之其味極佳

九之略

其造具若方春禁火之時於野寺山園叢手而掇乃蒸乃舂乃[illegible]以火乾之則又棨樸焙貫相穿育等七事皆廢其煮器若松間石上可坐則具列廢用槁薪鼎櫪之屬則風爐灰承炭檛火筴交床等廢若瞰泉臨澗則水方滌方漉水囊廢若五人已下茶可末而精者則羅廢若援藟躋嵓引絙入洞於山口炙而末之或紙包合貯則碾拂末等廢既瓢盌筴札熟盂鹺簋悉以一筥盛之則都籃廢但城邑之中王公之門

二十四器闕一則茶廢矣

十之圖

以絹素或四幅或六幅分布寫之陳諸座隅則茶之源之具之造之器之煮之飲之事之出之略目擊而存於是茶經之始終備焉

茶經卷下

“崇文国学经典”书目

诗经
周易
道德经
左传
论语
孟子
大学 中庸
庄子
孙子兵法
吕氏春秋
山海经
史记
楚辞
黄帝内经
三国志
古诗十九首 汉乐府选
世说新语
茶经
资治通鉴
容斋随笔
了凡四训
徐霞客游记
菜根谭
小窗幽记
古文观止
浮生六记
三字经 百家姓 千字文 弟子规
声律启蒙 笠翁对韵
格言联璧
围炉夜话